A GUIDE TO PARENT
YOUR LOST INNER CHILD

养育你内心的小孩

丛非从 著

北方联合出版传媒（集团）股份有限公司
万卷出版公司

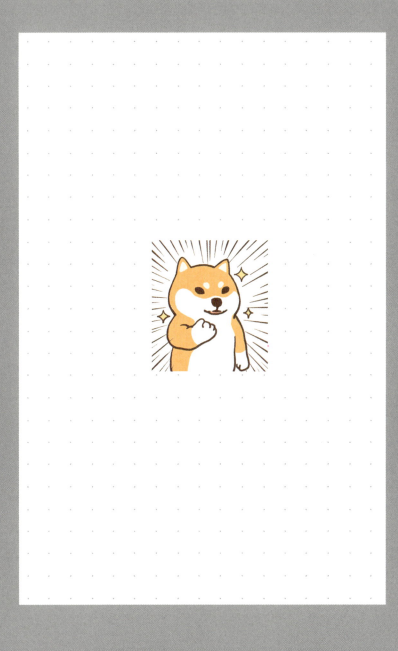

婴儿时期的我们，是非常弱小的。随着独立能力增强，如果我们能意识到自己在变强大，那么对安全感的需求就会相对减少。但如果意识不到，并且内心依然觉得自己很弱，就会觉得特别没有安全感。

当你感觉没有安全感的时候，你
只需要去检验：

你在担心什么危险？
这个危险有几分真实？
伤害有多大？
概率有多大？
你承受力有多大？

做一个判断，然后调整自己。

人就是这么矛盾，一方面需要爱，一方面又拒绝爱。一个人拒绝爱的逻辑就是：

只要你没按我期待的样子做，只要你没让事情按我期待的样子发生，这统统都能说明你不爱我，说明你不在乎我、不重视我、不认可我、不喜欢我、不……

当一个人的内心感到安全，确定自己没有面临危险，或者此时的他应对外界的困难有了一定的自信，不再担心自己的生存时，他便有了追求自由的冲动。他会开始生出疑问："我是谁？""我可以做什么？""我可以做自己想做的事吗？""我可以跟随自己的感觉走吗？""我可以任性吗？""任性是愉悦的，我可以拥有这种愉悦吗？"

给自己解锁

识别想法

学会拒绝

坚持住

序

我们活着就会面临很多问题，这些问题解决不了，就会产生内心的痛苦。

工作不顺心，会痛苦；

孩子不听话，会痛苦；

伴侣不如意，会痛苦；

成绩上不去，会痛苦；

房间特别乱，会痛苦……

生活的烦恼就像打开的自来水一样源源不断地往外流，而我们怎么都找不到关掉的那个阀门。

很多人解决烦恼的方式非常单一，哪里有问题就去解决哪里，头痛医头，脚痛医脚。孩子不听话，就想办法让他听话；伴侣不分担家务，就跟对方吵架；工作中遭遇了不公平待遇，就辞职走人。

这些方法用起来既费劲又低效。有的人理智点的时候会换个方法，会学习很多技巧，但依然触及不了根本问题，这个问题解决了，类似的问题还是会出现，根本就是按下葫芦浮起瓢。

根本问题是什么呢？

是你内心的需要没有被满足。

所有外在问题都是表面现象，你解决了这个，还有那个。只要你内心的需要还没有被满足，现实的问题就解决不完。你觉得这个伴侣有问题，你再换十个伴侣，大概率无非是问题的严重程度不同罢了——除非你的某个伴侣有智慧，能满足你内心的需要。

当你跳出问题本身，开始从内心需要的角度思考问题时，你就掌握了解决痛苦的钥匙。我们的内心需要的是安全感、自由、价值感、意义、亲密，这五大需要构

成了我们所有现实烦恼的核心。

比如，当孩子玩游戏、不写作业时，你很生气。这其实是因为他激活了你内心的不安全感，你在为他的前途感到担忧。即使他放下游戏，去写作业了，只要他还有别的可能会自毁前途的行为，你就依然会焦虑，依然会愤怒。

同时，孩子不写作业，你就不得不花大量时间来操心他，这让本来就疲惫不堪的你特别烦。你幻想并需要他是个很乖的孩子，这样你就可以从他身上得到解脱，去做你想做的事。所以，你愤怒的另一个原因是你的自由被剥夺了。如果你没有满足自己自由需求的能力，你就会发现，即使孩子不占用你的时间了，家务、学习、工作、亲戚……另外一大堆事也会限制你做自己想做的事。

另外，孩子不写作业可能还会引起你内心的挫败感，让你觉得这代表着你不是个好父母，你内在的低价值感被激活了。如果孩子写作业了，而你的价值感依然

匮乏，那么你可能会在不小心犯错时把愤怒的矛头指向自己。

孩子不写作业也会激活你内心的无助。你会想，为什么你没有一个在乎你、支持你、可以帮你一起教育孩子的伴侣呢？这种缺乏亲密的无助感也会促使你把矛头指向孩子，让孩子无意间"背锅"。当你在伴侣关系、家庭关系、社会关系……任何一种关系中体验到很深的亲密感后，你会发现，你对孩子的宽容度增加了百倍、千倍。

当你纠缠于这些问题时，你就没有时间去追问自己"我为什么要活着？我活着的意义是什么？"了。

你内心的匮乏感才是问题的根源。当你开始从内心需要的角度去思考问题时，你就走上了独立、强大、自主之路。

所谓的内心强大，就是能照顾好自己内心的需要，以饱满的姿态应对不停变化的外部世界。这个世界会扔给你各种问题，但只要你内心坚定，就足以生发出很多智慧去解决。然后，这些问题都会成为你的经验，让你更强大。

你缺少的从来不是方法，而是底气。而底气来自内心的丰满。

小时候，爸爸妈妈教会了我们如何照顾自己的身体，却较少教我们如何照顾自己的内心。如果你没学过，那么现在你可以开始学习，学习重新养育你自己。

如此，你就是内心强大的人。

目 录

养育你内心的小孩

© guraya

Chapter 01

关系、需要和爱

关系是由需要组成的

人为什么要跟他人建立关系

关系对每个人来说都是一件很重要的事。无论在哪儿，我们每天都生活在形形色色的关系中。

在我们很小的时候，我们就已经学会和玩得来的小伙伴建立友谊关系了，长大些还会和要好的同学建立同窗关系，和老师建立良好的师友关系，走入职场和同事建立不近不远的共事关系等。随着我们人生经历的丰富，我们会和不同的人建立不同的、多样的关系。一切看起来那么自然。

当关系不顺畅的时候，我们会通过很多方式去处理关系。比如说通过讨好、指责、讲道理、诱惑、交换、冷漠、暴力、逃避等方式企图处理关系，处理不好的时候，我们会感觉非常疲惫。

很多时候，处理关系并不是一件愉悦的事。我们总是忙着处理关系中的种种问题，但很少去思考一个底层问题：

人为什么要与他人建立关系呢？为什么一定要跟某个人建立关系呢？

因为人的内心有需要，而关系就是满足我们需要的重要存在。

一个人要在这个社会上活下来，并尽可能地活得好一点，他需要太多条件了。外在，人需要有食物、空气、金钱、社会资源、名誉、地位、汽车、住房、美景等。内在，人需要被爱，需要尊重、关心、认可、陪伴等。在这些需要中，有些是可以允许不被满足的，有了则可以活得更好；有的则是必须满足的，有了才能活下去。

我们有三条途径获取自己生存的需要：依靠自己的能力创造自我满足，依靠大自然的恩赐给予，依靠关系从他人那里获得满足。

人本身具有脆弱性和局限性，一个人的力量不足以对抗所有的问题和困难。所以人必然需要他人的支持来完善自己，需要他人的力量来为自己做一些加持，来让自己更加完整与圆满。人类也是因为懂得相互需要、相互协作的智慧才建立了伟大的文明，同时也构成了复杂的人际社会，形成了多样的人情关系。

所以，关系的建立是源于我们对他人有需求。我们跟一个人建立关系，就必然会对他存有需求；没有需求，也就不需要去建立和维系关系了。

那我们什么时候会渴望关系呢？

当我们内心有需要，并且自动判断了通过关系比通过其他方式更容易实现时，我们就会产生建立关系的渴望，并会主动去寻求关系。

关系是基于需要产生的，只要有关系，就必然有需要。你内心的需要越强烈，你对关系的渴望就越浓。

而且，只有需要持续地存在，关系才有维系下去的动力。一个人不想维系关系了，说明他对你没有需要了，或者觉得你已经无法满足他的需要了。这也意味着，处理关系，其实就是处理需要。

同样一种关系，每个人的需求是不同的

比如说婚姻关系。你对婚姻的需要是什么呢？

有的人觉得一个人太孤单，需要被长期、稳定地陪伴。有的人觉得一个人生活压力大，需要另外一人帮自己创建美好生活。有的人觉得自己不够优秀，需要找个优秀的人实现内在的价值感。不同的人有着不同的需要，也就会因为自己不同的需要去选择不同的人结婚。

再比如说，亲子关系。你是为了什么而生孩子呢？

有的人是因为觉得不生孩子的人生是不完整的，那么她就是为了满足自己内心的完整感而生孩子。有的人是因为觉得正常人就是应该生孩子，那么她就是为了满足内心的秩序感而生孩子。有的人是因为要传宗接代而生孩子，那么她就是要通过生孩子来消除自己内心的漂泊感。

人看起来是在自然而然地结婚生子，其实背后都是有着不同

的推动力在起作用，人不会无缘无故地去做选择。

再比如说同学关系。我们虽然都会上学，但未必都会有同学关系。有的人一心想着学习，埋头苦读，他并不想跟同学建立关系。但有的人需要通过同学的帮助来提升自己的学习成绩，或者想通过同学的认同来获取价值感，或者想通过同学获得生活上的其他帮助，他就会想着跟同学建立关系。

同一种关系，内在的需要可能完全不同。所以，世界上也没有什么通用的处理关系的方式，只有深入下去看看需要的是什么，才能更好地处理关系。

同一个关系里，会有不同的需要

人会为了满足自己的某个需要而跟一个人建立关系，但自己对他人的需要又不是单一的。

比如说选择工作关系。你可能需要一个钱多、事少、离家近又稳定的工作，需要一个脾气好、宽容你、指导你、帮助你、尊重你的领导。如果这些需求你都想满足，你就很难找到一份满意的工作。你会因为某些需求被满足而选择了这份工作，也会因为别的需求没有被满足而心生不满。

比如说亲子关系。你生了个孩子，你既需要他懂事听话，又需要他学习上进，还需要他外向开朗、做事不拖沓，需要他省心省力，又需要他给你挣面子。但这么完美的小孩很难有，于是你就会对自己的孩子有诸多不满意。

你对一个人有多种需要，而他无法全部满足你，你就会对他心生不满，你们之间的矛盾甚至会不断升级。

关系中的需要会变化

当你刚开始认识一个人的时候，你对他的需要并不太多，但随着你们的互动时间增长，你对他的需要就会产生变化。人就是这样，一旦识别到了一个人可以满足自己的某些需要，就会无意识地渴望他满足自己更多。

在关系建立后，人原来的需要被满足了，但同时别的需要又会生出来。或者原有的满足感因为某些原因在削弱，无法继续维系，这时候对方就又变成了一个无法满足你需要的人了，这段关系也就无法再继续给你想要的滋养。

比如说婚姻关系。我有一个来访者，她曾经因为男朋友对她非常好而感动地结了婚。婚前，无论她有什么事，男朋友几乎都能随叫随到，会事无巨细地关心她的生活，陪她处理各种琐事与问题，让她在被关心、被重视方面的需要得到了极大的满足。但在结婚后不久，她开始了各种各样的嫌弃：嫌弃老公为什么不上进，嫌弃他为什么总爱做一夜暴富的梦，嫌弃他为什么能这么安于现状。这时候，她又在老公身上寄托了过更好生活的需求，可是这个男人已经无法满足她了。他们就会因为她的各种不满而吵架，变得矛盾重重。

再如亲子关系。有的人生了孩子之后，最初想要有一个孩子的需要被满足了，她是很喜悦的。但随着孩子的长大，她还需要孩子听话来满足自己的掌控感，还需要孩子好好学习来满足自己的面子，还需要孩子不折腾来满足自己想去哪里就去哪里的自由。这时候如果她这些新的需求没有得到满足，就会对孩子产生不满，也就会与孩子之间产生各种各样的矛盾。

人的需要是动态的，无时无刻不在变化着。

矛盾是需要失败的结果

如果对方可以完美地贴合着你的需要走，随着你的需要变换出各种满足你的能力，这当然是最让人满意的，但是这是不可能的。所以随着相处，人与人之间产生矛盾也是必然的结果。

当你需要他，他却不满足你，你却执着于想从他那里得到满足，这就是矛盾的根源。矛盾，就是在关系中自己的需要没有得到满足而生发的不满。因此，处理矛盾的本质，其实就是处理自己的需要。

这时候如果你想好受一点，你就需要学习处理自己的需要。

有的人会觉得："明明是两个人的矛盾，为什么我要去处理自己的需要？"是的，两个人的矛盾是这样的：你跟他有矛盾，他跟你有矛盾，这是两件事。在同一时间发生，也是两件事。你对他不满，就需要去处理你的需要。他对你不满，则他就需要去处理他的需要。

他不想处理怎么办？你处理你的就行了。

需要不是爱，需要是爱的反面

需要是一种索取，爱是一种付出

经常有人说："我需要他是因为我爱他。我多么多么在乎他，多么离不开他，我爱他爱到无法自拔。"在很多流行歌曲里，也经常传唱着因为不能接受对方的离开而"心痛到无法呼吸"。我们也时常被这种"爱"和故事感动着，心想：如果一个人这么需要对方，没有对方就不能活，那他们的感情一定很深吧，他一定是非常非常爱对方吧。

但如果一个人把自己寄生在另一个人身上，这样的爱是让人窒息的，是非常可怕的。这是一个人自我感动的独角戏：需要就是需要，怎么能以爱的名义来假装伟大呢？

需要并不是爱。需要与爱，互为相反数。

需要的意思是我希望你来满足我，是希望你做一些事情来让我舒服，是你要以我为中心，是想要你服务于我。而爱则是我想要满足你，是我想做一些事情来让你舒服，是我想要以你为中心，是我想服务于你。

需要是你要滋养我，爱是我想滋养你。需要是一种索取，爱是一种付出，两者完全出于不同的动力：一个是"你要为我做"，一个是"我想为你做"。

有的人在难过的时候，会呐喊"我这么在乎你，你却……"，有的人在愤怒的时候会觉得"我都是因为在乎你，才……"。在他们的想象里，这种在乎是自己很爱对方的表现，但实际上这只是出于自己的一种需要：是你很需要对方来爱你，而非你很爱对方。你觉得很难受，是因为你需要他陪你；你觉得很生气，是因为你需要他哄你；你觉得离不开他，这更是因为你需要他留在你身边。

我们经常说："我太爱你了，我不能没有你，我接受不了你的离开。"这往往是我们表达爱的方式。当我们在为这份真诚和真心感动时，同时也暴露了我们对对方的需要。需要到不能失去对方，需要到当你不如从前对我好时，我就会认为你不爱我了，需要到你要为我半夜去买好吃的来证明你的爱，需要到没有那个人的陪伴，自己就会无比空虚。

我不否认，的确有的人也是在为对方好，但这并不妨碍他同时也在发出一个渴求的信号。

比如说，妈妈给孩子做了可口的饭菜，这是出于对孩子的爱，毋庸置疑。但是做完饭菜后又强迫不想吃饭的孩子吃，此刻就不只是出于爱孩子了。虽然妈妈会以为孩子身体好为由来强迫孩子吃饭，但是这份强迫里也包含了"孩子要听我的话"的需要。

妈妈建议孩子去学习、去写作业，这确实是为了孩子成绩好，是妈妈在对孩子表达关心、表达爱。但不允许孩子拒绝学习、拒绝写作业的时候，或许就是妈妈在满足自己对掌控感的需要了。

爱是"我在为你好"，需要则是"你必须接受我的好"。

爱同样也不是放纵，不是无止境地顺从对方，更不是没有原则地讨好对方。爱的教育，是温柔而坚定的。好的习惯是要去培养的，有的规则是要去遵守的。爱是在向对方传递一种善意，而需要则是在向对方传递一种敌意、一种控制。这种感觉仿佛在说："你必须认同我，如果你不认同我的看法和教育方式，我就会生气。你必须配合我，你不配合我就会激发我的挫败感，我就会受伤，而你不能让我受伤。"

所以，如果你觉得你很爱对方，但是对方不领情，那么你就可以去思考一下：你可能并不是爱他，你只是很需要他。

人有需要是无比正常的事，是非常自然的事，也是一件光明正大的事。需要其实并不可怕，可怕的是，明明需要，却非要以爱之名来乔装。

关系的稳定，来自爱与需要的平衡

在一段关系中，我们必然有需要。同时，也必然有爱。

不用觉得自己会"爱无能"，我们必然会爱某一个人。人不是每年三百六十五天、每天二十四小时都在需要别人的。有的时候，我们自身状态比较好，就会想去满足别人的需要，这个就是爱。每个人都有爱他人的能力。

一段关系中，爱与需要是同时存在也是在时刻变化的，只要爱与需要能够达到一种动态的平衡，就是一段可以继续的关系、好的关系。也就是说，好的关系就是：我擅长的地方我来满足你，你擅长的地方你来满足我。我状态好的时候来满足你，你状态好的时候来满足我。有时候我累了，你就来照顾我；有时候你失落了，我就来安慰你。

比较常听到的话就是"我负责赚钱养家，你负责貌美如花"，从某种意义上说：我满足你的安全感，你满足我的价值感。

长期关系的本质就是相互需要、相互支持、相互满足。

在很多夫妻关系中，失意的丈夫遭遇事业上的失败，暂时在家等待机遇。温柔的妻子并不介意自己挣钱养家，也不指责丈夫的失败，不催促他早日振作起来，而是给予他充分的支持与鼓励，那么丈夫就能够得到更有效的休息与调整，更有利于他的整装待发。

时常联系的朋友总是会你帮帮我、我帮帮你，失恋的时候找闺密痛哭，孤独的时候找兄弟喝酒。我们其实一直都生活在友爱中，只要我们发出需求，一般都能得到相应的回应。当我们接收到他人的需要时，我们也会根据自己当下的能力与状态给出相应的付出。关系就在这样一来一回中形成并稳固。

生意合作关系通常是利益上相互需要的平衡。良好的婚恋、密友与亲子关系通常是情感上相互需要的平衡，当然也有的是利益和情感相互需要的平衡。

我的一个来访者曾经谈到过，她的上司对她很好，所以她很卖命地工作。她跟她上司的关系中，她需要的是一种情感的满足，上司需要的是利益上的满足。他们配合得很好，两人的关系也就达到了和谐。

一些情感陪护、声优等职业的存在，也是一方需要情感，一方需要利益，从而达到了平衡状态。

不管你们彼此之间需要的是什么，总之爱与需要的平衡就可以构成关系的持续。好的关系其实就是相互依赖。从这个角度来看，关系的意义就是结盟：

我的所长，补上你的所短。我的所长加上你的所长，就是一个一加一大于二的过程。我们通过彼此都变得更强大了。

关系中的三种需要状态

爱与需要不会达到绝对的平衡，也不会时刻平衡，而是一种动态的平衡，是一种整体上的平衡，只要关系还在持续，那么它整体上就是平衡的，就是可以运作的。

从爱与需要的角度，我们可以把关系分为三种情况：

第一种情况是母婴式的关系。

母婴式的关系是一方发出需求，另一方付出爱来满足对方需求的形式。就像是妈妈养育婴儿一样。妈妈的职责就是为了满足婴儿的各种需求，全然地爱婴儿，给婴儿提供资源，让婴儿健康快乐地成长。

婴儿会要求妈妈做一些事情来满足自己的需求，需要妈妈关注他、认可他、重视他、接纳他、帮助他。当他发出需求的信号，妈妈要及时地满足他的这些需求。并且他需要你对他主动一点，要主动地去觉察他的需求，及时地满足他的需要，让他满意。

当你把自己放到一个宝宝的位置上，需要被及时喂养时，那么你就把对方放到了一个妈妈的位置上。你开始扮演宝宝的角色，负责发出需求，对方则开始扮演妈妈的角色，负责给出爱，满足你。因此，此刻你们的关系，就叫作母婴式的关系。

同样，如果你在扮演妈妈的角色，把自己放到了妈妈的位置上，各种操心对方的生活，关心对方的状态，那么你也就同时把对方放在了宝宝的位置上。

第二种情况是矛盾式的关系。

当然，有很多时候对方不愿意当你的妈妈，他也想当宝宝，他也需要你来关心他、理解他、支持他，那么这时候他就是在要求你当妈妈，他当宝宝。

如果你愿意，那么你们会继续母婴式的关系。但是你不愿意，你还想继续当宝宝，继续要求对方给你当妈妈，可是两个人都想当宝宝，那怎么办呢？你们就有了矛盾。谁都不想给谁当妈妈，谁都想当宝宝，宝宝就会跟宝宝掐架，那么这就是一种矛盾式的关系。

经常有人有这样的困惑："对方老让我给他当妈妈怎么办？"其实这个问题很简单。问这个问题的人，通常代表了已经不想给对方当妈妈了。但是如果你单纯地不想给对方当妈妈了，这个是不会导致矛盾的。因为你有成人的姿态，你只要拒绝对方就可以了。一个成年人有着基本的界限感，可以为了自己想要的自由去选择合适的拒绝方式。

如果你觉得拒绝有困难、有委屈，那是因为你还想当宝宝，你需要对方照顾到你在拒绝时的脆弱感。你们就是在互相需要，都想成为宝宝的角色。

在矛盾式关系里，没有妈妈，没有成人，只有两个宝宝。你需要我，我需要你，两个人胶着在一起，谁也无法满足谁。

第三种情况是成人式关系。

什么是成人式的关系呢？

一个成年人首先具有界限感。他不会委屈自己去满足对方，不会强迫对方满足自己。他知道哪些是自己想做的，哪些是不想做的，并且能坚持自己。这样的人能把注意力投放到自我身上，并且会去寻找生活的意义，然后享受生活。在这个享受的过程中，他会想跟另外一个人分享这种喜悦，从而跟另外一个人建立关系。

这样的人建立起来的关系，就是成人式的关系。

比如说，我有一个很好的项目，我很喜欢。我分享给你，你也很喜欢，我们一起合作做某个项目。那我们就是两个成年人之间的合作和分享。

再比如说，我热爱舞蹈，我跟你分享舞蹈；我热爱旅游，我跟你分享旅游。同样，你分享你热爱的部分给我。我们通过交流、分享，形成一种感染和吸引。双方不必是这方面的专家，但都对这个世界有着探索欲，对某个领域或某方面都有着一种追求或热爱，你们的热情就会形成相互的感染。

在成人式的关系里，双方是一个平等的姿态，你们在对这个世界的探索、对新奇事物的体验、对知识的渴求、对事业的征服中，会体验到相同的满足感。

在这个状态里，双方追求的是生活的品质。你会发现生活是非常美好的。而母婴式关系和矛盾式关系还处在追求生存的阶段。

对他人需要的执着就是在说，自己需要他人的供给才能过活。就好比婴儿离开了妈妈的奶水与照顾，自己就没有完全独立的能力，需要他人来帮助自己生存。成人式关系就是两个独立的、自己可以满足自己的、不需要他人供养的成年人，因为彼此的吸引而志同道合地走在了一起，共同去体验生活的美好，创造无限可能的未来。

有的同学会说："我兴高采烈地跟他分享，他不回应，这个属于什么关系？"当他不回应你的时候，关系的判断标准即是你难受不难受。如果你难受了，那么你在那一刻就陷入了宝宝的状态。因为你希望他通过回应你来表达对你的重视，你要的就不是分享而是重视。成人状态里的分享是当他不感兴趣的时候，我会选择用其他途径去分享我的兴奋，而非强制他回应我。

成人式的关系，不一定非要两个都是成年人。如果你有一个基本界限感，对方是无法消耗你的。

关系中的两个难点

这三种情况又是怎样呈现关系的呢？

在这里，我之所以用了"式"这个词，而不是"型"这个词，是因为它不是一种固定的类型。这三种状态不是绝对的存在，也不是特定的类型。

不要以为你们之间互为母婴式关系就是一个不正常的关系，实际上你愿意当宝宝，然后有一个人恰好愿意给你当妈妈，那么你们间就存在一段很和谐的关系。

我们每个人都经历过这样一些状态，就是有时候我满足你，有时候你满足我，那么我们在不同的时候互为母婴其实是没有任何问题的，这是一种互为补充的关系，是一种爱与需求的持续平衡。

但这种完美的状态不会一直发生，你们不会一直都这么默契，所以总会有矛盾的产生。当矛盾式关系出现时，就是你们彼此沟通、调整的契机，是你们调整到另外一个状态的过渡期，也是很有意义的。

问题就在于你一直想当宝宝，无论对方愿不愿意、合不合适，你都坚持要当宝宝。这样你们就没有办法建立一段稳定的亲密关系。所以如果你想建立一段长久的关系，你就必须学会在必要的时候从宝宝状态里走出来。要么学习养育对方，滋养关系，承担妈妈的角色；要么学会做一个成年人，把精力投放到热爱的生活上，而不是需要被爱里。

如果你过于沉浸在宝宝状态里，你是无法拥有真正的亲密关系的。因为爱情中存在着两个难点：

第一个难点就是：在母婴关系中没有人会一直愿意给你当妈妈。

为什么呢？一方面是对方没有这个能力一直给你当妈妈，另外一方面是对方也不愿意一直给你当妈妈。其实就连你的亲生妈妈都做不到一直给你当妈妈，那别人可能就更做不到了。

不要以为你的妈妈能够一直是你的妈妈，实际上你的妈妈很多时刻都在扮演你的孩子。因为你的妈妈如果没有被自己的妈妈照顾好，没有被自己的老公照顾好，她就会让自己的孩子来照顾她。所以当你的妈妈每一次对你发火的时候，每一次对你不满意的时候，其实都是在把你当成妈妈，希望从你这里获得一些夸奖。她需要你给予她一些关注，给她一些回应，此刻的她就是你的宝宝。

所以如果连你的亲生妈妈都做不到一直给你当妈妈，你还要指望别人一直给你当妈妈吗？你要知道这是一件不太可能的事情。只要你还在执着地想找一个人来完全爱你，你肯定会失望的。

第二个难点就是：只有你是个成人，你才能遇到成人式的关系。

你开始发问：那我能不能遇到一种成人式的爱情呢？成人式的爱情听起来很完美，但也是很难的，因为成人式的爱情标准会比较高。

成人式的爱情是分享。分享的前提是热爱生活，对世界保持着探索欲。如果你自己都不懂得快乐的话，那么你怎么可能会找到一个跟你分享快乐的人呢？如果你对这个世界都不好奇的话，别人分享他的好奇你怎么会感兴趣呢？你自己都不懂得如何快乐，你就无法找到与你分享快乐的人。

你可以找到一个哄你的人，每天逗你、带你玩的人，他把你逗得很开心，这很浪漫，也很愉悦。但是你要知道那个快乐不是你的，别人带给你的快乐是无法保证持久供应的。又有谁愿意天天输出，不间断地哄别人开心呢？

所以只有你是一个成人，你才能遇到成人式的关系。你是个快乐的人，你才能和别人一起分享快乐。

让自己拥有更多的成人的能力，才是维系好关系的最基础要素。

同时，不要走入极端，人不可能一直待在成人状态里。当然每个人都有无助的时候。没有永远的母婴式关系，也没有永远的成人式关系，你们的关系也不可能全都是矛盾。一段常见的关系、健康的关系就是这三种关系在不断的切换和组合中形成的，根据你们不同的情况和不同的状态进行着，在整体上达到一种动态的平衡。

当你纠结要不要离开对方

有的人很苦恼自己的现状："我很不幸，遇到了一个无敌大宝宝，遇到了一个巨婴，这让我很痛苦。"的确，有的时候你需要对方，他却不能满足你。有时候，你付出了很多，却发现对方是个负债体，是个黑洞，无法在你需要的时候反馈给你爱。

就像有的婚姻走着走着就走不下去了，其实这就是关系中的平衡被打破了。你觉得你对他付出了很多，他却没有对你付出很多，你的需要得不到满足，你就会很受伤。两个人之间的供需关系失衡了，受伤和满足感之间不再匹配，关系就开始趋于破碎。

其实解决这种痛苦也很简单，谁痛苦，谁离开就是了。一个成年人为自己负责的方式之一，就是选择与自己合适的关系。

如果你既痛苦又不想离开，那是因为你在关系中还能得到满足感，或者还有被满足的幻想。你们的关系并没有失衡到可以完全破碎。你要知道对于失衡的关系而言，破碎是件很自然的事。

因此，当你感觉到痛苦却下不了离开的决定的时候，你就可以去问自己：是自己的什么需要被满足了，把你留在了这段关系里呢？

比如说，有的人总是在抱怨自己的婚姻有多么不幸福，可是当你建议她离婚的时候，她又会找到各种理由，说现实不允许、有孩子的牵绊、有经济的牵扯、有迫不得已的原因，自己没办法，也是超级为难。

当你认为是因为想给孩子一个完整的家而委屈自己停留在婚姻里时，其实你更要知道的是，一位幸福的妈妈对孩子的影响要比一对不幸的爸妈好得多。其实，真正的原因你自己是很清楚的：你如果真的离婚了，自己带孩子的压力就太大了，你并不想去承受这种超越你负荷的压力，你需要这个男人行使一部分父亲的功能，来缓解你做好妈妈的压力感。

也有人觉得离婚不好，基于传统观念的影响不想离婚，那维持这段婚姻就可以满足你作为一个传统男人或女人的形象需求了。而且这个形象对你来说是非常重要的，重要到能够足以抵消掉你在婚姻里忍受的痛苦。

有的人在婚姻中被家暴也不肯离婚，为什么不能轻易离婚呢？因为家暴虽然残忍，但对方会给自己一些经济支持，有时还会给予一些体贴和温柔。这些东西能抵消掉被家暴的痛苦。

所以，一个人选择了或在犹豫要不要留在一段糟糕的关系中的时候，有一点是可以肯定的了：在他们遭受痛苦的同时，也得到了某方面的满足，并且这个满足在支撑着这段关系，使得它没有真正破碎。

所以在关系里到底要不要离开，其实完全没有必要纠结。纠结的意思就是说：伤害与得到的满足是差不多的，就像忽上忽下的跷跷板一样，一会儿这头沉，一会儿那头沉，让人摇摆不定。

所以说当一个人在纠结的时候，与其去纠结选哪个，不如去思考：在这段关系中我有哪些满足感，我还在留恋什么呢？当你清楚自己真正的需要，并且有办法应对自己的需要时，你就可以做一个真正有效的取舍了。

直面关系本质，从需要的层面去解决关系问题

经营关系的三种方式

一段关系怎样才能长久呢？

长久之道，无非就是两个字：经营。而经营的核心法则其实就是爱与需求的供需平衡。

亲密关系也好，别的关系也好，要想持续、长久下去，都是需要经营的。如果能让关系整体上达到一个动态的供需平衡状态，关系自然就会持续下去，长久下去了。

美国心理学家威拉德·哈利提出一个情感账户的概念：在一对关系中，特别是在亲密关系中，彼此之间的关系像是在经营一个银行账户。

当你们的感情状态和个人状态相对较好时，就会给予对方更多的爱和滋养，像是给你们的账户里存款，把给对方的安慰、支持、欣赏、肯定、理解等养分存到账户里。

当你们的感情状态和个人状态相对比较差时，你就会向对方索取，索取不得则会发生矛盾和争执，这就又像是在你们的账户

里取款，通过批判、指责、误解、冷落、争吵等方式把之前存入的养分给消费掉。

你们的情感账户就和银行账户一样，不停地在存入和取出，想要经营好自己的感情账户，就要往账户里多注入爱，想要不破产，就要有相应的能力以更好的方式处理自己的需求，减少矛盾的发生，不能让账户持续负债又没有能力偿还，否则迟早有一天你们的关系就会随着情感账户的破产而彻底地破碎。

经营，正是让供需实现平衡的方式。

无论你有没有在学习经营关系，其实你都在用自己的方式经营着。常见的经营方式分为三种。

第一种是自然经营。

自然经营就是你并不介意你们的关系相处成什么样，你只负责跟着自己的感觉随意地往前走，你不会去刻意地努力维护关系，也不会花费时间去思考你们的关系状态。在什么情况下人会选择自然经营关系呢？有两种情况：

第一种情况就是这个人对你来说无所谓，有他和没他都差不多，你就会本能地去选择自然经营。

比如说，你跟一些陌生人的关系就会很随意，你不会过多地投入什么精力在他们身上，又或者你认识了很多新朋友，你已经不想再多花精力维护旧日的友情关系，以往的旧关系对现在的你来说已经不再重要了，那么它是自然中断还是继续进行你也不大关心了，就随它而去了。

第二种情况是你很信任你们之间的关系。你很相信你对对方的重要程度，你相信他是不会离开你的，这时候你也会变得懒得去维护。反正他又不会走，反正不管怎样他都会一样待你，为了节能，你就会去选择自然经营。

比如说，你跟爸爸妈妈之间的亲情关系，好像你并没有刻意地去做过什么，就凭自己的感觉自由地表现。因为你知道你们之间有血缘关系，不会轻易地分离，所以你就会很放心，也会很信任你们的关系。

有的人在结婚之后就开始变得作了起来，不再维护自己的形象，也不再努力克制自己的脾气，他保持了最自然的状态来对待关系。这种人要么是觉得婚姻已经让他们失望了，维不维持已经无所谓；要么就是对自己太自信，太相信对方不会离开自己，太过信任关系的牢固性。

其实，自然经营并不是一件绝对的坏事，对自己来说，有一个巨大的好处在里面：在这种方式里，人是最大化地在做自己了，可以充分地体验到关系中的轻松和自由感。

第二种是盲目经营。

怎么叫作盲目经营呢？通俗一点说就是使用蛮力。你根据自己擅长的方式，并不去思考和迎合对方的需求，凭着本能瞎使劲儿，这个就叫盲目经营。

比如说，有的人结了婚之后为了展示自己是好妻子的形象，赢得丈夫的欢心，就拼命地做家务，或者是为家庭付出一切，特别操劳。在自己看来，自己简直要伟大到不行了，但是在丈夫看来，她却成了一个爱做家务的控制狂。

有的人在发表演讲的时候，很想让自己表现好，很想维护好和听众的关系，就会变得很紧张，很小心，准备超多的细节。结果却因给自己的压力过大，导致自己的表现并不好，并没有得到听众的欣赏，从而也没有达到他想要的关系效果。这也是在盲目经营。

盲目经营关系其实还是挺糟糕的，因为这会让很多人心生抱怨。

比如，你可能会觉得自己为家庭付出了这么多，熬成了一个黄脸婆，到最后对方居然不要你了，真是太没良心了！然而这个时候虽然你做了很多，但你根本就没有满足到对方真正的需要。在对方的体验里，你甚至是在无理取闹，你的付出在他这里根本没有得到吸收和转化，你的付出和他的需要是不匹配的，所以这种自以为是的盲目付出并不能达成一种关系的平衡。

比如说，有的人在工作中特别努力，从早上 6 点工作到晚上 11 点，每天像 007 特工一样特别拼命，这其实也叫盲目经营关系。你以为自己只要靠努力、勤奋就能得到老板的赏识。但最后老板却抱怨你工作效率太低，太浪费公司的资源，而选择把你辞退了。这时候你会不会觉得自己很委屈、很冤枉？

盲目经营关系时，你只是在跟着自己熟悉的那一种相处方式做互动，你只想用自己熟悉的、习惯的、擅长的方式去付出，不会去理性思考两个人之间的供需关系是否匹配，并且你还会理直气壮地陷入自己的逻辑里出不来：我这样做就是对的，你就应该看到、认可、接受并感恩我的付出。假如对方不领情，我还会觉得自己很委屈，抱怨对方是个坏人。

盲目经营关系就像是不看目标乱打枪一样。你"嗒嗒嗒"地把一万发子弹发射出去，胡乱地扫射一通，虽然会有命中目标的概率，但是效率却很低。所以说，盲目经营也不能说是完全没有用，有时候也是有效的，只不过性价比很低。假如你能够先找到射击目标，通过一些科学的训练，就会大大地提升成功效率。

盲目经营与自然经营相比其实也有一个好处，就是会让自己有一点危机感。在自然经营的状态里，对方的状态是被我们忽视的，我们像是一个瞎子行走在关系里，怎么舒服怎么来，想躺哪里躺哪里；关系进行到哪一步了，看不到也不想知道。如此一来，当关系出现裂缝且没有得到及时修复时，就有了破碎的可能。

盲目经营的破坏性虽然也很大，但是它的优势是能够让对方感觉到自己是被在乎、被重视的，两个人的关系是连接在一起的，这就为双方的亲密关系提供了可能性。

第三种是理性经营。

这就相对高级了，什么叫理性经营呢？就是你不只以自己擅长的方式去经营，你还会通过学习、思考去看到彼此之间的需要，然后采用有效的方式来经营关系。

理性经营是反惯性的。它需要你跳出自己熟悉的感觉和方式，尝试学习使用新的、不熟悉的、有点别扭的方式去处理。

理性经营正是我们需要学习的地方。这条路看起来很难，但长期来看也最省力。

判断需要没被满足的两个标志

理性经营的重要一步，就是要知道自己在需要对方。

当两个人产生冲突的时候，人会惯性地从对与错的角度去思考：都是他的错，或者都是我的错。当人们沉浸在对与错的问题里的时候，就很难安静下来去思考：此刻我到底想要的是什么？

当你在关系里受挫时，你首先要有一个意识：此刻，我有一个需要没有被满足。比起谁的错来说，更重要的是我有一个需要没有被满足。真正勇敢的人，敢于直面关系的本质，从需要的层面去解决关系问题。

那么如何才能察觉自己需要的存在呢？有一个比较明显的信号，就是负面情绪。如果你在关系里体验到某种负面情绪，那么你的内在一定有一个需要没有被满足。

有的人很不喜欢自己的负面情绪，觉得自己不应该有愤怒、委屈、受伤、难过、失望等这些让人变得不开心、不美好的情绪。但是你要知道负面情绪它没有错，它只是自己的需要没有被满足而自然呈现出来的结果。如果你的需要没有被处理，你的负面情绪是不可能凭空消失的。

比如，你因为伴侣总是不及时回复你的信息而很生气，那么这就可能说明，你有一个被关心的需求没有得到满足。当你去骂他不在乎你、不重视你、不爱你时，只会加剧你们之间的矛盾，而你的需要还是没有被满足。并且，你的这些行为会让你们的关系陷入"指责—辩解—指责"的循环里，让你们都更加看不到彼此的内心需要。

因此，你要学会观察自己的情绪，倾听自己的情绪，而不要任由情绪去攻击破坏你自己。你的情绪正在告诉你，你有一些需要没有被满足。而且，在关系里你的情绪有多浓，你就有多需要对方。

一个人的失控行为也是需要没被满足的标志。

在关系里，有的人会控制不住地对对方进行指责，歇斯底里，吵架，冷战，讲道理，威胁，逃避之后，又觉得自己不该这么对对方。实际上这些失控的行为只是一个人内心的需要没有被满足的结果。

你有多控制不住自己，你就有多需要对方。这个时候的你是那么需要对方，你怎么忍心再责怪自己不够好呢？

关系中的情绪和失控行为都是在提醒你：你很在乎这段关系，你很需要这段关系。以至于当对方没有按你的需求来表现的时候，你会受到很大的冲击。那么此刻，你最应该好奇的应该是：我内心真正的需要到底是什么呢？以至于让我对此有这么强烈的反应。

对自己好奇，愿意看见自己背后的需要，就是真正关注自己的开始。

心疼你自己

一旦意识到自己有需要，很多人会陷入自责里，觉得有需要是无能的、不好的，甚至觉得羞耻，这个时候他们就会想竭力摆脱自己需要对方的状态，仿佛"自己需要对方"这件事是多么糟糕一样。

其实当你发现你在关系里有需要没有被满足，你要去心疼你自己。这么说不代表需要是不合理的，有需要是不对的、不应该的。你当然可以有需要，而且应该有需要。

有需求不是错误，而是悲伤。

因为你花了很大的力气想让对方满足你的需要，然而对方还是没有满足你的需要。你又是讨好，又是指责，又是愤怒，又是委屈，然而还是没有用，你依然没有被满足。即使如此，你纠结了又纠结，还是无法离开，也无法放下。这是一件很悲伤的事，也是一件很让人心疼的事。

当你在关系中有矛盾的时候，你最需要做的是心疼自己，而非责怪自己。你最需要想的是我该如何安抚自己，如何用更好的方式去满足自己的需要，而非执着地去指责谁的错。

就好像一个人开车撞了你后逃逸了，这时候你的第一反应是什么呢？是先报警呢，还是先指责对方呢，还是先看看自己哪里受伤了、严不严重？第二步又是做什么呢？哪个对你来说是更重要的呢？

需要有很多种被满足的方式，你要去选择最合适的方式去处理，而不是执着地用某一种方式、执着地从某一个人那里获得。而有这些的前提，都是先知道自己内心深处的需要。爱自己，就是先从关注自己开始。

这也是处理需要的第二步，心疼你自己。

识别自己的五种需要

处理需要的第三步是识别自己的需要。你自己得先去承认，自己在关系里是有需要的，不然你也不会傻傻地留在关系里。那么你还得去想，自己的需要是什么呢？你自己得有答案。

那么，需要的是什么呢？

这个问题并不简单。我们讲了这么多，始终没有正面讨论过人内心的需要有哪些。需要金钱地位，需要优秀，需要早回家，需要勤劳上进，这些都是外层的需要。人内心的需要，有五种。

——安全感

——自由

——价值感

——意义感

——亲密

其中，亲密包括被关注、接纳、重视、尊重、陪伴、支持等。其他的需要，都可以归到这五种需求的缺失中。

识别需要，就是去一步步地领悟到，自己是缺失了这五种中的哪种心理需求。至于具体怎么识别，我们会在后面的章节里详细讲解，这也是本书的核心内容。

其他的需要，都是围绕着这五种需要发展出来的。也就是说，能够照顾好自己的这五种需求，你就是在做自己的理想父母，在二次养育自己。能够满足他人的这五种需求，就是在给他人提供爱，做他人的理想父母，二次养育他人，从而达到与他人建立和经营关系的目的。

照顾自己的需要

当你发现自己的需要后，你要理性地去思考如何更好地处理自己的需要。你的方式按照优先级的排列顺序，可以有三种：

第一，选择用有效的方式改变他，让他继续满足你的需要。

第二，放下对他的需要，换个有能力且有意愿的人来满足自己的需要。

第三，自己爱自己，满足自己的需要。

这三种方法里，无论你选哪个都可以让你内心的需要得到满足，从而不必产生矛盾。然而如果你执着于眼前这个人、执着于自己惯性的方法，你的需要就会持续得不到满足，从而产生矛盾。

三种方法具体分析如下：

第一种方法是换一种方式改变对方。

矛盾其实不是因为对方不满足你，而是因为你执着于用一种无效的方式来改变对方，比如说指责、冷战、讲道理等，这些常常是无效的。当你的方法无效的时候，你要思考：我可以使用什么样的方法，来让他满足我呢？

可能有用的方式举例如下，毕竟，没人知道哪些方式是一定有用的：

一致性表达 真诚地告诉对方自己的需要是什么，而不是对方应该做的是什么。比如说，我希望你可以陪我，怎么陪。在一致性表达里，你可能需要保持低姿态，因为表达需求看起来就跟低头求人是一模一样的。

交换 如果你愿意满足我哪个需要，为我做什么，那么我愿意为你做的有这些那些。如果你不愿意满足我的哪个需要，那么我想收回来的付出包括哪些。你可以让对方权衡利弊，选择是否要满足你的某个需要。

示范 我希望你满足我的需要是哪些，我知道你并不会，因为没有人教过你，不过没有关系，现在我可以教你，你看看我是怎么满足你的，同时我也希望你能为我也这么做。

第二种方法是换个人满足你的需要。

包括离开这个人找个新的人，或者不离开这个人，只是在某个需求上找别人来满足。如果这个人就是无法满足你的需要，那你要思考的是：有谁是可以满足我的这个需求呢？我在哪里可以找到这个人呢？

比如，一位同学曾经说："老公从来不曾认可我，还经常否定打击我，这让我感觉到自己很没价值。"那么她价值感的需要就没有在老公身上得到满足。

假如老公就是没有能力和意愿认可你，你还有什么办法可以让自己感受到更多的价值感呢？你可不可以在朋友和领导身上获得呢？你可不可以通过努力工作发展更多的社会关系，以及帮助他人等途径让自己感受到更多的价值感呢？

没有什么需要是不可以被他人替代的。如果你感觉某个需要非这个人不可，无法被替代，那是因为你还有更深的需要卡在这里，你需要进一步深入地去识别。

第三种方法是自己满足自己。

自己满足自己，就是为自己做一些事，让自己好受一点。你可以去思考的是：我可以为自己做什么呢？

关系并不是满足自己需要的唯一方式，自己满足自己也是重要的方式之一。一个人，如果从关系中得到的满足多一些，他就可以为自己做得少一些。如果他为自己做得多一些，那么他对关系的需要就少一些。

看到对方的需要

如果你想跟对方拥有一段更和谐的关系，或者对方想要离开你，而你想要挽留他，那么最有效的方式就是去思考他的需要是什么。在他的内心，有哪些需要没有得到满足呢？你可以为他的需要做些什么呢？他可以在你这里获得什么呢？

学会思考这样的问题，你就离高情商关系大师不远了。

曾经有位姑娘跟我哭诉自己的自卑，嫌弃自己特别内向。那一刻我感受到了，她的价值感是缺失的。虽然她的学习成绩很好，这是大家公认的，但我知道这样夸她是没有用的，因为她自己也知道这个事实，只不过她不以为然，她是因为自己的内向性格而认为自己没有价值，而非因为成绩。

于是我就夸她说："我觉得你很文静啊，女孩子不一定非要叽叽喳喳的，我觉得文静的姑娘也很好的，让人感觉很舒服。"那一刻，她就被我的话治愈了。

实际上，我并没有对她施加什么魔法，我就是在那一刻发现了她内心的需要，并且去尝试满足了她的需要而已。所以，当你想要与他人建立或维持关系时，你只有先知道对方的需要，才能对症下药。

做内心强大的自己

我们每个人都确信自己需要爱，都想要被温暖和关怀，都渴望自己的需求能够被满足。因为每个生命对圆满和丰盛都存在着本能的向往。可以说，我们每个人的内心都有着本能的、固有的情感需要，我们渴望被喂养，就像是生命的最初，婴儿渴望被妈妈全方位地照顾。

只是世界上并不存在完美的妈妈，养育者在照顾我们的时候必然会存在着不同程度的疏漏。并且，因为养育者自身状态与能力的不同，他们在为我们提供养育的同时也必然会附带一些伤害。在我们长大后，那些没有得到滋养的渴望和需求会一直跟随着我们，压抑、深藏在我们的潜意识里，并默默期待着重新得到浇灌后发芽，让真正的自我重新得到蓬勃生长的机会。

做内心强大的自己并不是硬撑，硬撑是很孤独的，是一出假装强大的独角戏。做内心强大的自己是我可以照顾好自己的需要，而非依赖于别人照顾。我可以把自己照顾得很好，自己能为自己的需求负责，使自己得到满足和圆满，让自己可以坦然、轻松、开心地面对这个世界。

当你对他人的依赖减少到可被自己接受的范围时，或者你可以用合适的方式去表达你的依赖时，你与他人的关系就会很自然地和谐起来。

Chapter 02

安全感

安全感是什么

安全感的内涵

有人说，安全感是世界上最大的妇科疾病，实际上安全感的缺失跟性别没关系，无论是男人还是女人、老人还是年轻人，几乎都缺乏安全感。

人类最低的需求就是安全感，安全感是保证生命存活的基本保障。

安全感，顾名思义，就是一种安全的感觉。你可以在这个环境下活着，不会突然受伤或死掉，没有意外的威胁，没有他人的加害；你饿了就有食物可以吃，冷了就有衣服可以穿，困了就有地方可以住，那么你就知道你可以活到明天或以后，你的心就会安定下来，去坦然享受生活。

换句话说，安全的意思就是没有危险。我们经常说自己没有安全感，实际上就是在说自己体验到了某种不可应对的危险，即将受到某种伤害。

在生命的最初，婴儿呱呱坠地，来到这个未知的世界上，他自身是非常弱小的。从他来到这个世界上，到他能够在这个复杂的世界上生存，他需要依赖环境的安全以及照顾者的保护和付出。就像任何一种哺乳动物一样，弱小的幼崽都承受不住强大的风雨雷电和豺狼虎豹的威胁，都极度依赖养育者的供给和保护。

随着人的成长、独立能力的增强，如果一个人能意识到自己在变强大，那么他对安全感的需求就会相对减少。但如果一个人意识不到自己在变强大，内心依然觉得自己很弱，他就还是会觉得特别没有安全感。

但即使人意识到了自己的强大，却依然无法强大到在所有时候都能确保自己足够安全，这个世界上依然有他克服不了的困难、面对不了的危险。所以，无论一个人长到多大，都会一定程度地缺乏安全感。

缺乏安全感的四种表现

要理解安全感，首先要明确你的内心感受到了怎样的危险。理解安全感，可以从以下四个要点去理解：

1.害怕的是危险，而非其他

有时候，表面上看起来你害怕的东西有很多，但这些害怕的东西只有跟危险挂钩，构成了危险的可能，才能让人失去安全感。

比如说，有的人特别害怕狗。狗本身其实不会对人构成危险，很多狗毛茸茸的，很可爱。但有的人基于狗想到了自己可能会被咬伤，有的人想到了自己有可能会感染某种病毒，那么这时候狗就对他构成了危险，人也就没有了安全感。

比如，有的人害怕被抛弃。其实被抛弃无非就是你被迫离开了这个人、这个群体而已。被迫离开并不构成直接的危险，你还可以去找其他人、其他群体啊，这有什么好害怕的呢？如果你感到害怕，一定是因为被抛弃衍生出了某种实际的危险。比如说，你怕被这个人抛弃后就没有经济来源了，你怕自己会吃不上饭而饿死；你怕被这个群体抛弃后，他们对你不满，会在背后针对你，给你穿小鞋，让你在这个圈子内举步维艰。

2. 危险是主观体验，并非现实

在现实层面，危险不一定真的会发生，但当一个人内心开始觉得危险，感觉危险可能会发生时，他就已经丧失了安全感。

比如，你坐飞机的时候害怕飞机会出事，在某段关系里害怕对方抛弃你，在不喜欢的公司里害怕辞职后找不到新工作，生病了害怕会治不好，这些都让你很没有安全感。实际上，在现实层面，这一切都不一定会发生。很多时候，这些恐惧只是来源于人头脑中的幻想。但是，在人的主观体验里，危险已经发生了，人就没安全感了。

有时候，我们看别人缺乏安全感时，会觉得没必要："至于吗？太夸张了吧。"会觉得这些根本就不会发生，是他们多想了。但在他们的体验里，危险的感觉是非常真实的，那么，在他们的世界里就是没有安全感。

3. 危险是不可应对的

如果你相信自己是有能力面对危险的，你也就不会害怕了。就是因为自己无力面对危险才会无助，才会害怕。

比如说，当你得了感冒，你会害怕吗？你不会，因为你知道，根据自己的经验去买些药，多喝点儿热水就会好了。如果你觉得感冒后咳嗽发烧有可能发展成肺炎，那么你就开始慌了，因为你开始觉得这个局面要失控了、应对不了了，你就会对自己的身体充满不安全感，就想要赶紧去医院，试图控制和应对一下。

4. 恐惧不一定会被意识到，但会藏在潜意识里

人会本能地做一些事情来让自己感觉到安全、舒服，但很少会具体地想自己在怕什么不安全。我们的很多行为都是对危险的防御，但这个过程又是如此娴熟和易被忽视。我们会理所当然地去做一些"应该"的事让自己心安，我们总是活在习惯中，但是对背后的恐慌极其不耐受，以至于不想让它浮现。

比如说，很多人都在努力地与他人搞好关系，努力地不给别人添麻烦，努力地照顾好孩子，努力地工作挣钱，努力地变得优秀和光鲜。但如果不去深入探索，他们很难发觉，他们其实是害怕某种失去和危险，是安全感的匮乏让他们有了如此努力的动力。

当一个人在某段关系中与他人发生矛盾，他就会对另外一人产生愤怒的情绪。这一刻，他没有意识到自己在害怕，但如果去细细感受，这个愤怒背后其实是在防御害怕，愤怒是因为自己害

怕被抛弃，害怕被伤害等。如果要解决这些矛盾，我们就必须深入地思考：你到底在怕什么危险？

一位同学说："我老公与下属有暧昧，有出轨的迹象，我非常愤怒。"愤怒背后其实是担心，她担心老公真的出轨。但出轨本身并不会构成危险，于是我追问了出轨会引发的危险。

这个同学说："他出轨，就代表了他价值观不正。价值观不正就可能去做一些违法的事情，或社会伦理不能接纳的事情，然后进一步就会给我带来很多糟糕的后果和麻烦。"

大部分人都害怕伴侣出轨，但每个人的害怕背后所在意的方面是不一样的。探索它们的意义在于可以具体化害怕背后的是什么。找到那个真正与危险相关的点，你就可以知道你在哪方面缺乏安全感了。

内心常见的害怕

害怕冲突、指责与否定

有的人很怕被他人指责、否定。可是，指责和否定只是语言上的一些描述而已，并不会对你构成实际的威胁。比如说，一个外国人用你听不懂的语言指责你，你害怕吗？一个三岁的小孩子说你坏话，你会害怕吗？

你不会。当你清晰地知道别人的指责和否定并不能对你构成危险时，你一点儿都不会害怕。但是，在一些人的想象里，被指责、被否定会导致自己被惩罚，这时候指责就变得可怕起来了。

有的人害怕被指责和被否定，其实是怕随之而来的惩罚。当然，不是所有指责和否定都代表惩罚，有时候还有可能代表抛弃、不喜欢、控制等。对于害怕被惩罚的人来说，他们的逻辑就是："如果他人指责我，就会惩罚我。"

有一位同学曾经说道："小时候，爸爸经常会指着我的鼻子骂我，有时候会把我逼到一个墙角使劲儿地骂。虽然他没有打过我，但每当我想到那种被狠狠责骂的感觉时还是会感到很害怕。"

在这种害怕里是有某种想象存在的。虽然在现实层面爸爸并没有动手，但这是基于他理性的忍耐。在这位同学的直观感受里，被一个强大的人指着鼻子骂，接下来他会动手的概率是非常大的，而一旦动手，弱小的他又无力应对，就会威胁到他的身体。

所以，这种怕其实是有一个很具体的后果的，就是怕自己被一个更有力量的人打。如果换一个力量远不如他的小孩子指着他的鼻子骂，他就没那么害怕了。因为他知道自己有能力应对，骂他的人并不能对他造成实质性的威胁。

有的人则是怕被领导之类的权威批评、否定、指责。他们会觉得，一旦惹了领导，领导就会给自己穿小鞋，会对自己很不利，这便会直接关联到工作利益上的得失，甚至有的人还会延伸到失去工作而没钱养活自己，从而感到很害怕。

还有的人会害怕与人冲突，所以不敢去为自己争取利益。当他们遭到不公平对待、被人骗了、被碰瓷儿了的时候，明知道是对方的错，但他们还是会选择忍气吞声。因为在他们的想象中，一旦自己跟别人有了冲突，自己就会被别人欺负，被各种吊打，而自己又没有能力去应对和解决这一切，也找不到资源来帮助自己。所以，他们宁愿牺牲自己的利益，也不会去惹事，好让自己的处境更安全一点。

惧怕他人的惩罚，是因为自己的弱小。当你感知到了一个比你更强大且你无法应对的力量时，你就会心生一种威胁。你会想，万一自己不顺从他，万一自己表现得不好，让他不满意了，万一他心情不好，生出了惩罚你的想法，那你就完蛋了，你就会处于一个特别危险的境地，你的安全感就会遭到严重的打压。

当一个人害怕被他人惩罚的时候，他就会花费很大的心力来避免被惩罚。比如以下几种方式。

讨好：小心翼翼地做一些让别人开心的事，避免做那些让别人不开心的事。

指责：跳起来展示自己的力量，宣告自己的界限，告诉对方你是不可以被欺负的，休想！

讲道理："你不应该这样惩罚我，理由是……"

逃避："只要我不跟你接触，你就无法惩罚我。"

在人际关系中，很多看起来不够理智的行为背后实际上都是我们在努力避免别人可能给予我们某种惩罚。一个人不管看起来是强势的还是卑微的，他都很可能非常缺乏安全感。

所以，如果你在关系中有了一些不理智的行为，或者你看到别人有了一些你不理解的行为，先不要着急反应，而是去问问自己或他人：

你到底在怕什么呢？

别人不开心，会对你做什么呢？

在你的想象里，别人的指责和否定会引发哪些后果呢？

害怕孤独

总有人说："我特别害怕一个人生活，没有人陪伴，这让我感觉特别孤独。"他们不喜欢孤独，因为孤独不好，孤独让人害怕。可是，孤独怎么就不好了呢？有什么好怕的呢？一个人多正常啊，半个人才可怕呢。

城市里有很多不婚主义者，他们经常一个人。他们不是找不到对象，而是认为没必要找对象，自己活得好好的，把自己的生活打理得很有序，也很有趣，为什么非要找个人来给自己添堵呢？他们有的人连朋友都没有，每天上班自己工作，下班自己健身，假期自己旅行，生病了自己去医院，并没有体验到什么害怕。甚至有的人还会选择离群索居，独自生活，在世外桃源般的环境中怡然自得。

那些害怕"一个人"的人并不只是害怕孤独、寂寞，而是害怕靠一个人的力量面对生活，应对未知。

一个内在有力量的人不会害怕孤独。他会享受一个人的时光，他能一个人驾驭外在的很多困难。一个对钱和工作有信仰且得到了的人也不怕孤独，他能通过钱和工作得到力量。比如说伟大的艺术家、科学家，他们独自在各个领域取得成果的时候会觉得很有成就感。

人们害怕的从来不是孤独，而是无助。当孤独伴随着无助的时候，才会让人感觉到不喜欢、害怕。经常感到无助是因为他的内心很脆弱，并且进行了很多关于危险的联想。比如说："当我一个人的时候，我会觉得这个世界只剩下了我自己，没有人与我同行，没有人来帮助我。而我自己一个人的力量面对不了这个危险的世界，我需要一个人来保护我、支持我，我才能安全地活下来。虽然我现在可以自己赚钱，可以自己照顾自己，看起来很强大，可是我不知道未来会发生什么困难，我根本无法面对。当这种困难突然袭来时，我的一切都会崩塌。"

具体来说，会有什么样的困难发生呢？害怕孤独的人很少会仔细去想。但是，当你认真、用心地感受后就会发现：

你害怕生病——"虽然现在的我是健康的，可是一个人总是会生病的，而且还会有突发疾病的可能。如果我身边连一个陪伴和照顾我的人都没有，万一哪天我突发疾病，不能动了，我身边连给我叫救护车的人都没有，那我就会惨死家中，这也太可悲了！"

你害怕没人照顾——"人生在世，难免会发生意外。万一我打篮球时腿摔骨折了，万一我急性阑尾炎发作了，万一我眼睛受伤看不见了……当我躺在病床上什么都不能做时，总是需要人照顾我的。我需要有个人给我送饭、喂饭，给我处理屎尿盆什么的。如果没个信任的人在身边，我被憋死、饿死在病床上，怎么办？"

你害怕累死——"生活中有那么多问题需要处理，如果全部都让我一个人干，我会喘不过气来的。我要自己做饭，又要自己带娃，又要自己工作，又要自己做家务，又要自己修灯泡……生活中有这么多麻烦和琐事，而我的时间和精力是有限的，都让我事无巨细地做完，我会被累死的。"

……

另外还有很多想不到、奇奇怪怪、花样百出的关于一个人生活就活不下去的死法。

虽然现实情况是自己一个人也可以活得很好，甚至在他人的眼光中你生活得还不赖，颇让人羡慕，但是这依旧抵不住你心中"万一"和"将来"两座大山的压制。在这两座大山的压制下，人可以给自己制造出一万种死法，来让自己害怕一个人生活。

总说自己孤独的人也是如此。孤独的深处是因为自己的内在隐藏了一个无助的自己，不知道该如何独自生活，不确定自己能否独自一人去应对这个世界的险恶。因此，有的人在孤独的时候，就特别想抓住一人来逃避孤独。有时候，这个人是谁都不重要了，重要的是有个人在身边，来消除自己是孤单的感受。当然，不是所有害怕孤独的背后都是因为恐惧危险，有的人觉得孤独的时候内心空空，那么他缺乏的是意义感。

有的人想赶紧找一个人结婚，维持一段婚姻，也是为了避免一个人时的无助感。这时候，婚姻就是他们心中的一个避风港、一个栖息地，他意识到自己再也不必在这个世界上单打独斗了，他的内心获得了一种能量上的加持，两个人的抱团作战是要好过一个人的单兵作战的。当面对这个世界的凶险时，他知道自己的背后还有一个人在为他随时待命，那么他心中就有了底气，就会少一些害怕，多一些心安。

害怕孤独的本质其实就是认为自己的内心太脆弱，自己一个人的力量无法面对这个困难重重的世界，所以想找到一个人依赖，获取力量上的加持。

如果你也害怕孤独，你可以问问你自己：如果你一个人生活，你内心深处对未来会有哪些担心？觉得会有哪些困难？

那些担心可能是模糊、未曾想过的，但是如果你仔细感受一下，就可以找到答案。

害怕被抛弃

一个人是脆弱的，他需要通过外部存在来武装自己，让自己能够对抗危险。当一个人无法从钱、工作、社会关系、权力等外在客体上寻找到力量的时候，就会渴望从一个强大的人身上来获得。这时候，他就会渴望亲密关系，用亲密关系来对抗内心的弱小感。

而渴望亲密关系的时候，就会害怕被抛弃。越是渴望亲密关系，就越是害怕被抛弃。

有的人怕伴侣出轨，怕自己被抛弃，怕对方不爱自己了，怕两个人的感情没有未来。有的人怕对方的善变，怕突如其来的分开。实际上，这也只是一种表面上的害怕，追问到深处，你会发现，他怕的还是独自生活的恐惧。他们的逻辑就是："别人抛弃我或不喜欢我，我就会一个人，我一个人就可能会面对很多困难，无法应对。"

但实际上，被某人抛弃并不会导致你一个人独活。你被某人抛弃了，世界上还有 70 多亿人呢，你并没有被这个世界所抛弃。如果你想找的话，可以找到更多的人陪你。但内心恐惧的人就会因为被一个人抛弃了，直接联想到以后就只能一个人了，然后体验到巨大的恐惧。

这时候，为了对抗一个人生活的恐惧，人就需要跟他人建立情感关系，并竭尽所能地避免被抛弃。所以，人除了要应对自己日常生活的种种外，还要花精力避免被抛弃，避免被不喜欢。

当你很害怕被对方抛弃的时候，实际上你已经完成了一个幻想："对方是很厉害的，而我是很脆弱的。他能给我提供某种生存保障，亦能轻易抛弃我。所以我得找到办法，让他不抛弃我。"

他人的这种强大实际上是理想化的。对方真的有那么强大吗？其实不一定的，但在我们的想象中是这样的。我们会把对方想象成强大的保护者，而自己却是个弱小无力的宝宝。就像在婴儿时期，我们是极度脆弱的，只有把母亲想象成无所不能的保护者，才能觉得自己是安全的。当我们在害怕被人抛弃的时候，就是把对方当成了母亲一样强大的保护者，把自己当成了无法独立生存的宝宝。

所以，当你害怕被抛弃时，先不要急于陷入如何不被抛弃的魔咒里，而要先去思考：

如果他抛弃了你，你会面对怎样的危险呢？

即使他不抛弃你，他能保护你什么呢？你能得到什么呢？

他真的有这个能力吗？真的比你还厉害吗？

你真的那么弱小吗？

你会发现，你俩谁保护谁还真不一定。

害怕犯错、事情没做好

一位同学说："我去配眼镜，结果店家特别不专业，瞳距愣是有四毫米误差，这让我感到非常气愤。"当时我很好奇他的愤怒，就问他："你在担心什么呢？"他说："我觉得他损害了我的视力。"

我接着问："然后呢？"他说："我看东西就会受影响，做事情就会不够精细，就容易出错，就会把事情搞砸，就会失去工作，就会没钱，就活不下去了……"

基于配眼镜的四毫米误差，这位同学体验到的是自己接下来会没工作、没钱、活不下去的巨大惩罚。当然，在意识层面，他那一刻觉察不到。但在潜意识层面，这些幻想都真实发生了。他对自己有一个做事要精细的要求，认为自己做事情不够精细就会有灾难发生。他同时也把这种对精细的追求投射给了商家，认为商家做事情不够精细，也会给自己带来巨大的灾难。

一件小事没做好就会有巨大的惩罚，这个逻辑看起来很荒诞，然而我们每个人的生活里都在无数次地上演着这样的闹剧。

比如说，类似的逻辑还有："如果我今晚不刷牙，牙齿就会染上细菌，就会长蛀牙，还会烂掉，那么我就吃不了东西了，就会被饿死。"很多有强迫症、洁癖的人都会有这样的逻辑。

"如果我家孩子这道题不会做，期末考试就会考不好，将来就会考不上好大学，找不到好工作，一辈子就会凄凄惨惨。"很多妈妈的焦虑、愤怒都是因为孩子那一点不够好的表现激发了她们对于孩子糟糕未来的联想。

"如果我今天没加班，领导就会对我有意见，就会给我安排不重要的岗位，我就会渐渐被淘汰，我就会在社会上活得很艰难。"在工作中不敢犯错的人就总会这样吓唬自己。

"如果我的身体有不舒服的地方，就可能意味着我有严重的疾病没有被查出来，这就会激发我内心巨大的焦虑和恐慌感，引发生存危机的不安全感。"

"如果我不给自己制订好计划，如果我今晚熬夜看电视剧，如果我找不到感兴趣的事，如果我今天衣服没穿好，如果我……"

每个活得焦虑、压抑的人，心中都会有很多恐惧，他们生怕一件事没做好，将来就完蛋了。

那些习惯自我否定、自责、自我嫌弃的人更是如此，觉得自己一个地方没有表现好就会骂自己。他们会来向我咨询如何停止自责，我却会跟他们探索：这个地方没做好到底有什么问题。然后我们就会找到他们基于某件具体的小事产生的巨大危险的联想。

在一些人的想象里，这个世界是非常苛刻的。犯了小错，即要被惩罚。那么，为了安全地活着，就必须谨慎、小心、努力，不让自己出现任何不完美和错误。他们的逻辑就是："如果我没把事情做好，我就完蛋了。"

所以，当你在焦虑、自责、愤怒的时候，不要急着去评判自己的这些情绪，你可以问问自己：

你在担心什么？

这件事做不好会怎样？

这个地方做不好会怎样？将来有哪些糟糕的后果？

把你担心的东西一一列举出来，看看你会有什么感受。

害怕没有支持

一个人的内在不够强大，就会将自己置于一个危险丛生的环境里。这时候，他可能需要通过与他人建立亲密关系来获得支撑。如果他不相信亲密关系，或者觉得亲密对象不够强大，他就需要让自己变得优秀。他会觉得：我必须坚强，因为没人替我勇敢；我必须优秀，因为没有人给我遮风挡雨。

而让自己看起来强大的方式就是足够优秀。这时候，如果自己不够优秀，就会激发内在的恐惧感。在一些人的想法里，不够优秀＝活不下去。

他们会用强大的外在来支撑起自己虚弱的内在，以此获得安全感，比如优秀的外在、稳定的工作、金钱、权力、人脉等。

人的内心一旦意识到自己是脆弱的，就会花费大量的精力，想尽一切办法去获得自己认为能让自我强大的方法，来对抗内心深处的死亡焦虑。抓住更多外在的力量就是他们能想到的方法。他们从心底觉得："如果没有这个外在的支持，我就无法生存下去。"

这种感觉就像不吃饭就会被饿死的真理一样。在他们的眼中，未来是充满未知的，充满艰难险阻的，如果自己没有这些外在力量，就会被人遗忘、唾弃、欺负，就会过得特别悲惨。

你可以问问自己：

对你来说，你只有获得了外在的哪些支持才会觉得心安？

这些东西是怎么给你力量的？

如果失去了，你在现在或将来会遭遇哪些危险？

然后心疼一下自己：为了活下来，你要做哪些努力？你怎样看待自己内心的这些恐惧和努力？

怕不优秀

有的人对工作很焦虑。他表面上说工作特别忙、累，但你让他停下工作来休息的时候，他就会表现出明显的不安感。

这种人通常是工作狂，会花大量时间投入工作，并不可避免地忽视家人。当你去责怪他们不顾家时，他们会为自己辩解，说自己太忙，没时间兼顾家庭，自己这么做也是为了让家庭有更好的经济条件，也是在对家庭做贡献。实际上，在他们的潜意识中："家人是靠不住的，工作、钱和成就才是靠得住的。家人并不能在关键时候帮助我，不断产生的钱、能力和社会资源才能。"

他们的逻辑就是："如果我工作上不保持上进和优秀，我就有被社会淘汰的风险，我就会在将来活不下去。"

类似的害怕就是：如果我性格不够优秀、学历不够优秀、知识不够丰富，我就难以在岗位上晋升，就找不到好工作，将来就赚不到钱，就会饿死。

怕没钱

有的人觉得："如果我没有足够多的积蓄，我就会很快变得没钱花，那么我就会穷困潦倒、流落街头、风餐露宿、食不果腹。总之，生活会非常非常艰难，活不下去。甚至在我老的时候、生病的时候，没有钱我就没办法给自己基本的医疗保障。"

他们的逻辑就是："如果我没钱，我将来活下去就会有困难。"

在他们的经验里，钱是最能保护好自己的东西，是最靠谱的存在；钱的力量是强大的，有钱能使鬼推磨。他们觉得，没有钱解决不了的问题，如果有的话，那只是因为钱不够多，所以，钱能极大地帮助他们完成自我保障，对抗危险。

对这样的人来说，拥有足够多的钱才能让自己获得安全感。

所以，认为钱能对抗脆弱和危险的人会对钱产生焦虑感，这跟他是否有钱无关。很多人外在已经足够有钱了，但他们还是会很拼。因为他们很害怕有一天一旦没钱了，自己就活不下去了；害怕遇到什么变故，钱一下子就没了；害怕自己养成浪费的习惯，钱越来越少。他们把自己的生存希望寄托在金钱上，把自己的生命和金钱挂钩，金钱没有了就等于生命遇到危险了，那么钱对他们而言有多么重要就可想而知了。

怕工作不稳定

在有的人眼中，钱不一定能让自己感觉到强大，不一定能对抗危险。毕竟钱越花越少，终有一天会花完的。工作也不一定能，毕竟一份不稳定的工作随时都可能失去，自己依然有可能流落街头。为了回避这种危险，有的人就会渴望一份稳定的工作，稳定的工作意味着有铁饭碗，才能对抗自己能力不足时的风险、失去工作的风险。

所以，很多人会努力进入体制内工作，哪怕工资很少。甚至有人宁愿领两千元的月薪在体制内当清洁工，也不愿意领两万元的月薪在企业内当白领。他们认为，体制内才是稳定的、安全的，将来才是有保障的。

他们的逻辑就是："如果我工作不稳定，我就可能失去工作，我就会没有收入，就会活不下去。"

怕没权

还有的人特别崇尚权力。他们会觉得钱是不稳定的，有很多事情都不是钱能解决得了的，得有权力，有实权，这样别人才不会欺负你，才不会看不起你，才能正眼看你。所以，他们就会很努力地成为有权力的人。

持有这样想法的人就会通过很多方法努力地往上爬，让自己处于管理链的顶端，好让自己有安全感。相信很多人在工作中会遇到这样的人，他们仿佛并不是特别注重自己的实际工作内容有没有做到位，而是更喜欢耍手段，喜欢通过踩低别人、算计别人来抬高自己的地位，使用一切有利的手段使自己位居高位，仿佛只有当自己足够有地位时才能脱离他人的控制，才能获得自由，才能安心。可见，他们对权力的执念是很强烈的。

怕没人脉

在有些人的认知里，这是一个绝对的关系社会，你得有关系才能生存。找工作、求人办事、获得便利都需要关系，如果有过硬的关系罩着，比什么都好使。就好像有了关系就能分分钟地到达罗马，一路绿灯，畅通无阻；没有关系就会有各种红灯、各种阻碍。

特别是在十八线小城市，很多人都会觉得这是一个人情社会，孩子上学、老人退休、妹妹找工作、弟弟租房子、哥哥做生意、姐姐找对象都要通过关系来实现。若没有关系，就会变成一个消息闭塞的、没有支持的人，走到哪里都会碰壁。在他们眼里，关系才是真正的铁饭碗。

怕出意外

我有一个朋友，她早年用不多的积蓄在广州买了房。我自然是非常羡慕她的投资能力的，虽然她人不在广州生活，却有先见之明，先在大城市购置了房产。后来，我们聊到她最初买房的动机时，她说："北方自古多战乱。某一天，如果北方发生战争，我可以躲到广州去生活。我要提前给自己准备一条退路，有另一个家。"

我非常吃惊。她的内心深处觉得，外在的大环境会给她一个不定时的惩罚，而且是巨大的惩罚。我知道，有很多人会在海外购置房产，或者移民，他们或许也是为了以备不时之需。可以想见，他们的内心有巨大的不安全感。

有的人害怕北京的雾霾，有的人害怕四川的地震，有的人害怕国外的动乱，这些害怕其实都是在说："环境会给我一个意想不到的、无法抵抗的惩罚。"

除了这种灾难性的惩罚外，还有的人会担心来自身边的一些环境惩罚。比如说，寻常的某一天下午，你非常遵守交通规则地行走在人行道上，但你也有可能会被高空坠物伤到，会被突如其来的汽车撞倒。河南曾经有一辆宝马在等红灯，就突然被背后的玛莎拉蒂撞了，导致两人死亡。

有的人担心飞机出事，所以会尽可能地避免乘坐飞机，不让自己置身于失事的风险里。有的人担心去非洲会遭遇暴乱，所以决不去非洲旅游。有的人担心自己和艾滋病人接触时会被传染，所以拒绝跟他们握手。

这些担心都有一个特点："我稍有不慎就可能灰飞烟灭，环境会给我巨大的惩罚。"他们的逻辑就是："如果我不准备好，我就有可能会遭受危险。"

这些担心也有一点点的现实基础，无可厚非。毕竟世事难料，总有一些不好的事情发生，这是概率性问题，谁也回避不了。这个世界确实存在着不可预测的危险，有时候也可能会遇到不是出自他人本意的突发性事件，而遭受惩罚的却是无辜的我们。

小心、谨慎都是没有错的，毕竟，小心驶得万年船，多条出路多条生机。但如果你为小概率的事件而花费大量的精力，那就无异于因噎废食。你会花超过80%的心力，去处理不到1%概率的惩罚，这必然会影响你正常生活的进程。

对你来说，你是不是一个在生活上很小心的人呢？你是不是总是在焦虑会发生各种意外呢？你是不是总是不敢去信任他人，觉得很多人都对你怀揣着不好的想法呢？如果你总是这样小心翼翼地生活在这个世界上，无时无刻不在避免着自己遭受伤害，那么你就需要好好心疼一下自己了："对我来说，这个世界真的好危险，活着真的好艰难，而我是如此脆弱，我保护自己保护得真的好累。"

怕黑怕鬼

除了这些来自他人和外在事物的具体的恐惧，人还会感到莫名的恐慌和害怕。在我们的课堂上，经常会有同学谈论到两个害怕：鬼和黑。

我很好奇，这个世界上真的有鬼吗？这个真的不知道，起码迄今为止，还没有人见过真鬼。所以，在现实层面应该没什么好怕的。而黑只是一种颜色而已，如果你怕黑，那你要去问问自己：为什么不怕白呢？为什么不怕红、黄、绿、蓝呢？

在现实层面，鬼和黑都不足以导致实质性的危险。但是，在想象层面，这种害怕就会变得无穷大和花样百出了。你可以细细地观察一下你的想象，当你在害怕鬼和黑的时候，到底是怎样一种怕？到底在怕什么？

在有的人的想象里，鬼是很具体的："鬼长得很恐怖，很吓人。鬼会爬到我的床头来，会打我，会抓伤我，会伤害我的身体。而黑夜就更可怕了，黑代表了未知，代表了各种被惩罚的可能，代表了会突然蹿出一个坏人对我实施抢劫，再捅我一刀；代表了突然有个人把我的头蒙上，带到一个危险的地方割掉我的肾；代表了会冲出一条疯狗把我咬一口，而不管我怎么呼救也没人理我。"

治疗一个人怕鬼和怕黑的恐惧，其实就是要他把具体化的恐惧想象描述出来。经过探讨你就会发现，一个人之所以怕这些虚无缥缈的东西，其实是因为在现实中真的有人这么对待过他们，让他们形成了这种固有的经验。那种恐惧的感觉被压抑和储存在潜意识里，就会通过某个笼统的形象投射出来。他们的逻辑就是："如果黑和鬼出现，我就会有被伤害的危险。"

那么，这时候，你要给自己一点时间和安抚，问问自己：在你曾经还弱小的岁月里，或者在你的经验里，是谁或什么事件让你感受到了这样的恐惧，是一种什么样的画面和伤害让你感到害怕？

缺乏安全感的本质

缺乏安全感的内在逻辑

通过以上的列举，我们会发现，缺乏安全感的内在逻辑就是：
"如果 A，我就会有危险。"

即如果发生什么或不发生什么，我就会遭遇某种不可应对的危险。只要你有这样的逻辑，你就会对现实进行很多危险加工，让你的内心越来越恐惧。比如说：

"如果我没有存款，我将来老了就养活不了自己，我就会饿死。"

"如果我工作中做错了，我就会被领导安排到边缘部门，我就会渐渐被单位淘汰，我就会被世界所淘汰。"

"如果我不够优秀，别人就会嫌弃我、看不起我，就不会跟我做朋友，我就会孤独终老，生病了都没人管。"

无论你在怕什么，只要不构成危险，那都是一种表面的害怕。你可以沿着一条线去问自己，找到背后深处的害怕，找到你安全感之所在。这种问法就是：

如果发生 A，你觉得会怎样呢？

如果 A 没有发生，你觉得会怎样？

注意，这里的"会怎样"，我们要去了解的是一个人的主观现实里会发生什么后果。有的人会回答一些情绪，会说"会愤怒""会委屈"，这个其实不是现实后果，而是情绪反应。因此，我们需要去问，在一个人的理解里，会有哪些现实后果，一步步地追问到与危险相关的结果。

即使一个人没有感受到怕，他感觉到的是其他负面情绪，如愤怒、委屈、焦虑、难过等，这些负面情绪背后隐藏的也都是害怕。恐惧就是一个人的最底层情绪，基于恐惧人会发展出来的种种隐藏情绪。当一个人有情绪的时候，我们也可以去问：

你希望怎么发生呢？你觉得在理想状态下，怎样最好呢？

没有这么发生，对你来说意味着什么呢？你在担心什么呢？

你觉得，发生了或没发生，会有怎样的现实后果呢？

比如说，一个妈妈对自己的女儿很愤怒，因为她写作业总是不认真。我就问她："女儿写作业不认真，你在担心什么呢？"这个妈妈说："那女儿学习成绩就会下滑，她将来就会考不上好高中，她想出国上大学的梦想也就实现不了。"看起来这个妈妈是在表达爱，她的愤怒是希望女儿有个好前途。但我们要时刻谨记一个原则：回到自身。这个妈妈最终一定是在担心自己遇到的某种危险。每个妈妈都会希望自己的孩子好，这和接受不了孩子将来不好是两回事。爱孩子的妈妈，希望孩子将来好。因孩子影响到了自身的妈妈，则会要求孩子必须将来好。这两者传递出来的动力不一样：一个是你好了更好，不好我也爱你；一个是你不好我就跟着遭殃，所以为了我你也必须好。

我于是接着问："女儿实现不了上大学的梦想，会对你有什么影响吗？"

这个妈妈说："这就意味着我是一个很失败的妈妈，我就是一个很失败的人。我这么失败别人就会看不起我，别人就会攻击我、不喜欢我，那我就会一个人面对很多困难。"

你看，这个妈妈最终担心的其实是别人的攻击和不喜欢，是自己一个人要面对很多她无法解决的困难。这些恐惧让她现在就非常焦虑女儿的作业，并以愤怒的形式表达了出来。这些逻辑被清晰化后会觉得很不合常理，但潜意识并不讲道理，由潜意识生发的联想和担心一瞬间就可以发生。

自我恐吓

让一个人失去安全感的并不是外在真实地发生了什么，而是他对于这件事的糟糕想象。想象的后果越糟糕、越严重，人的安全感就会越低。

这个过程就是自我恐吓。

有的人觉得，的确是这样的，这是事实啊！每个人都活在自己的主观经验里，在自己看来，的确是这样的。一个人正是因为坚信这是事实，才能一直按照这样的逻辑生活。但从客观来看，这只是一个概率事件，是部分关联，而非绝对关联。

极端点的例子就是："如果我不每天5点起床叫醒太阳，人类和我将陷入黑暗，面对死亡。"

从你的视角来看，也许你会觉得这样的想法难以理解，很荒唐。但当一个人陶醉在自己的世界里时，他对此是无法自拔的、毫不怀疑的。他坚信，这就是客观世界的运行规律，而非主观现实。

同样，有时候我们用自己的视角去看待别人的时候，也会无法理解别人为什么那么害怕没工作，害怕被抛弃，害怕与人冲突，害怕别人不开心，害怕犯错，害怕坐飞机，害怕孤独；为什么在他们的世界里，稍有不慎就会有危险发生。

让人失去安全感的正是他内心深处的自我恐吓。在某些人的想象里，安全地活下来是一件伴随着很多危险且应对起来非常艰难的事。

我的本质是脆弱的

自我恐吓的想象一般是从这两方面出发的。

第一，世界的本质是危险的。

外在是危险的。意外会惩罚你，他人会惩罚你，环境会惩罚你，生活会惩罚你，甚至连鬼都会惩罚你，很多你无法掌控的外在都会惩罚你。在你的想象中，总有一个比你强大百倍的力量在盯着你的错误，盯着你的软肋，它会出其不意地给你制造一些伤害。

这个世界对你来说是很危险的，外在的惩罚对你来说是摧毁性的。

第二，我的本质是脆弱的。

危险也就罢了，在你潜意识的想象中，你应对起这些危险来非常艰难，麻烦重重，你一个人的力量实在是太微弱、太渺小了。这种感觉就是："我的本质是脆弱的，我是不能够照顾好自己的。我既无法在危险面前保护好自己，又无法在生活困难面前从容应对。"

活下去的方式

可是，潜意识里的求生本能让你还是想活。那怎么办呢？

所以，为了让自己不受伤害，你不得不小心翼翼地去做事，去排查失误。你要充当一个职业扫雷师，每天二十四小时不能放松地排查被炸死的可能。你潜意识里觉得："我必须做对，才能活下去。"

你还需要去讨好、去经营，不能让别人嫌弃你、抛弃你，得想尽办法让别人喜欢你，留住一个人在你身边，让你获得庇护。你潜意识里觉得："我必须依赖他人，才能活下去。"

或者，你会很努力、很上进，企图获得越来越多的外在力量，变得优秀、有钱、有权、有足够的资源来支撑内心的虚弱。在你的潜意识里："我必须有强大的外在，才能活下去。"

　　当你的潜意识里有恐惧时，你就会被这些恐惧所驱使，让它们掌控着你的生活。当你开始觉察这些，当你体验到安全感缺失的时候，你最需要做的是心疼自己。世界那么危险，生活那么困难，而你需要那么努力，才能安全地活下来，这是多么辛苦的一件事啊！而你已经坚持了这么多年。先问问自己："我累吗？"然后睁开眼再看看，"危险和困难都是真的吗？我必须这么做吗？"

健康的安全感

安全感过低

有时候，自我恐吓未必是一件绝对的坏事。很多时候，自我恐吓的确是在保护着我们。安全感低的人总是会说自己不敢做这个，不敢体验那个。当我们说他们是胆小鬼的时候，他们确实也是在避免自己受伤害。

比如说，一个人不敢游泳，怕被淹死，那么他就会本能地远离水源，不做尝试就更不容易在水中发生意外。一个人不敢去坐过山车，那么除了体验不了游乐园中的刺激之外，也不会发生意外。一个人怕黑，就会很少走夜路，那么他确实就会比经常夜出的人更安全。这就是安全感低的好处，虽然生活中他们总是小心翼翼，但是确实防御了很多意外，让生活变得更安全了。

安全感越低，就会对生活有越多的储备和小心，遭遇危险的概率也就会越低，活下来的概率就越大。

但这也并不是说安全感低了就是一件好事。

安全感过低的人，你会发现，他们天天忙着防御危险，沉浸在惶恐中，做这个不行，做那个也危险，就会导致两个糟糕的结果：

一是什么事都干不了了，生活变得单调。

他们不敢去突破舒适区，不敢去挑战，不敢让生活变得更精彩，只顾着患得患失。因为怕飞机出事而不敢坐飞机，那么你就永远看不见真实云海的美妙，体会不到在云端的感觉。安全感低的人也最好欺负了，因为他们怕跟他人发生冲突，就不敢为自己争取利益，只能忍气吞声，默默地做个吃亏的老好人。

所以，安全感是支持我们行动的基础。

二是必须做的事很多，从而特别辛苦。

因为怕没钱，所以就得每天焦虑着努力工作。一旦松懈就怕吃不上饭了，只好把自己变成一台挣钱的机器，终日劳作。因为怕被抛弃，所以不敢谈恋爱，怕走入亲密关系，一想到自己的缺点要暴露在喜欢的人面前就受不了那种羞耻感，一想到如果双方发生争执，对方生出想要远离自己的冲动就受不了。因为怕被辞退，所以只好每天加班加点奋力表现给领导看。一旦领导对自己表达了什么不满或工作上出现了什么疏漏，就诚惶诚恐，焦躁不安。

安全感过高

安全感过高也是很糟糕的。当你过于相信外在的安全时，就容易生出事端。有的人对工作特别有安全感，敢把当月的工资全部花完，从来不计划未来。可是，遇到了急事没钱用的时候就很头疼了。有的人在感情里过于信任对方，对方总是和异性朋友亲密往来，甚至夜不归宿，也相信对方不会背叛自己。但是，感情真的出了问题时，对自己来说又是一个很大的打击。有的人对人际关系的安全感过高，总是说话口无遮拦，不考虑他人的感受，意气用事，那么迟早会被他人远离。

这个世界上有很多恐惧的确是真实存在的，我们确实不能完全忽视。所以，父母在教育孩子的过程中，要适度剥夺孩子的一部分安全感，让孩子知道，那样做是有代价的。如果孩子过于相信这个世界的安全，对世界充满了期许，反而会失去警惕，容易陷入真正的危险中。

健康的安全感

健康的安全感是适度的。怎样叫作适度呢？适应现实的就是适度的。既不会让自己处于无法应对的危险里，又不至于影响自己的正常生活，这就是合适的安全感。

安全感有一个变化的过程。我们在不同的事件里应该有不同的安全感。面对老虎和病猫的时候，你的确应该有不同程度的安全感。

当你感觉没有安全感的时候，你只需要去检验：你在担心什么危险？这个危险是真实的吗？伤害有多大？概率有多大？你承受力有多大？

做一个判断，然后调整自己。

如何获得安全感

爱自己的方式之一，就是满足自己的安全感。满足自己的安全感，就是照顾好自己的脆弱。虽然你很脆弱，但你可以照顾你的脆弱。你可以用以下几种方法去照顾自己。

适度放弃

当缺乏安全感时，不妨思考一下，是不是对于一些事投注了过高的期待值，致使你对当下和未来充满疑虑和恐慌。执念越深，最后受到的伤害就越深。当你对即将面临的危险情境感到极度恐慌时，不妨放弃执念，调整期待，改变方向，让自己不要长期陷入痛苦之中。

只要你肯逃避、肯放弃，这世界上就没有能让你受伤的东西。三十六计，走为上策。为什么叫上策呢？孙子兵法中最厉害的就是放弃。惹不起，你还躲不起吗？

当你害怕与人冲突、害怕被惩罚的时候，你是可以认怂的。

你不必非要跟一个看起来凶神恶煞的人去计较得失。也许你会损失一点利益，但比起自己内心体验到的安全感来说，这不算什么，你不必非要让自己冒险去做自己害怕的事。

放弃的目的，就是不把自己放到危险的情境里。

也许放弃会让你在某些方面遭遇一些损失，但是，如果你让自己处于一种安全的环境，去做那些你觉得安全的事，就会让你有更大的收获。

对未来感觉到害怕，怎么办？害怕万一将来变成一个穷光蛋，怎么办？那就穷着吧，放弃富裕，穷也有穷的活法。

害怕年纪大了找不到对象，怎么办？那就单着吧，一个人也有一个人的精彩。

害怕老了没人照顾，怎么办？那就放弃抵抗，孤独着吧。很多人晚年都是很孤独的，也没什么大不了的。

听起来有点自暴自弃、自甘堕落的意思，可是，你那么努力地想要实现的另外一种状态，谁规定它就一定是好的呢？

放弃也不是放弃全部，而是放弃部分。放弃艰难、辛苦的部分，放弃没必要的部分。更合理的表达就是：调整期待。

你要知道，这个世界上存在着千千万万种活法，不是只有达标的人生才值得活。每种活法都是一种体验，本质上并没有什么区别。真正的区别不在于状态，而在于心态。

小冒险

导致我们安全感缺失的原因是自我恐吓，而打破自我恐吓的方式就是小冒险。

往前冒一点点的险，然后检验一下有没有危险。没有危险，就再冒一点点险。这类似于游戏中的升级打怪，想要突破某种限制，想要摘取某种结果，总要一步步来。而且实践才是检验真理的唯一标准。当你一点点地去检验这个世界、这个事件对你来说是否是真的危险后，你才能获得最真实的结果。

我有一次被同事带着去做美容，那是我第一次去美容院。美容师在我的脸上动用了一些小仪器，把我吓得不行，心想：这是什么东西，怎么可以随便在脸上使用呢？美容师把仪器放在我脸上的时候，我因为没有接触过这个东西，就会本能地恐惧，触碰我的安全警戒线。但我用理性告诉自己："这是安全的，很多人都用过，不会有事的。我害怕是因为我没有体验过，我可以让美容师在我脸上稍微做一下，感觉一下有没有危险，如果真的接受不了就放弃。"

我就在害怕中去尝试了一下，让她把仪器放在我的脸上，结果发现并没有危险，也不疼。我就带着我的害怕、恐惧又去做尝试，做完之后，我根据结果验证了一个事实：原来它真的没有危险。这就是现实检验。

如果缺乏现实检验的能力，就会表现为：你第一次感觉到很害怕，而当仪器放到你脸上时，没有发生危险。但下次你还是很害怕，再下次你还是怕，无论没有危险的事发生多少次，你都还是怕。这就叫作丧失了现实检验的能力。

但如果你的安全感过高，你就会允许美容师在你脸上随便动刀子，你都会觉得没事，过于相信美容师的技术，而等真的发生危险的时候，你又会后悔莫及。所以，为了避免产生不可逆的后果，也要用带着警觉的心去观察。当你察觉到你的安全感有些高了，那么你下次就要再谨慎点，把安全感调低一点，来避免自己受伤。

小冒险就是带着恐惧去做一点点尝试。

求助

打破安全感的重要方式之一就是去求助。当你觉得自己不行时，你要记得有其他人行，你可以去找别人帮你解决当下的困境。你一个人的力量不足以照顾自己，但是外在有很多力量可以做你的加持，你可以求助于你的伴侣、父母、朋友、老师，你还可以求助110，甚至还可以求助于陌生人，他们都是可以提供给你帮助的资源。

有人觉得他人都靠不住，这是因为他对他人缺乏基本的信任感。小困难可以靠朋友，大困难可以靠社会，总有人可以来帮助你。如果你觉得没人靠得住，这极有可能是因为一个想象横在了你的心间，让你觉得他们都不会来帮助你，即便求助了也没有用。那么这时候你就得回到上一个方法：小冒险。做出一点突破，尝试去求助一下，略微求助一下，看看能得到什么样的结果。

求助有可能会被拒绝，的确存在着这样的风险，但不是所有人都会拒绝你，会被拒绝像中奖一样，只是个概率问题，并不是因为你自身不值得被帮助。你想让所有人都拒绝你，那可是一种真本事，如果你有"你们所有人都会拒绝我，所有人、所有事都会拒绝我"这样的想法，那么你未免也太自恋了。

求助有可能成功，也有可能失败。即便失败了也不要气馁，而是要调整方向。有的人一被拒绝就气馁了。他们用被拒绝的结果来攻击自己，把他人的拒绝理解为"我不好"。可实际上，被拒绝是在告诉你：这个人是不行的，你需要换个人尝试；或者这个方法是不行的，你需要换个方法再试试。

至于你到底值不值这个人帮助呢？你得去检验，之后才能知道。

求助的前提是内化出一种对关系的信任来，你要相信这个世界对你是友好的，相信当你需要帮助的时候总会有人来帮助你。如果你的心里从来没有觉得自己是跟别人有关系的，那么你就不得不独自一个人去面对这个世界了。

交换

　　有很多人不愿意去求助他人，因为他们总觉得自己不重要，不值得别人的帮助。如果你觉得自己不值得别人帮助，通过交换来获取别人的帮助也是可以的。比如说，用钱去交换一些你想要的帮助，货币本身就是资源置换的一种方式，它可以帮你极大地扩展自己的能力。

　　比如说，如果你怕一个人出门，那么你请十个保镖护送你出门，你的安全感一定会大大提升。

　　有钱不仅可以解决一些实际的问题，同时也可以买到很多爱。有人说，用钱买来的不是真爱，但是，为什么由颜值开始的就是真爱了呢？用付出换来的就是真爱了呢？用别的换来的就是真爱，用钱争取来的为什么就不是真爱了呢？这是不是能够说明你对钱存在偏见呢？

　　你真心给钱，他人真心为你付出，这就是真心的真感情。你觉得他人不真心，可能是你投射性地认为他人的职业道德太差，没有为你尽心尽力，但其实大部分人在工作上都是很用心的。

　　为什么说钱可以带来安全感？因为有了钱，就可以找到很多人、换来很多资源来帮你。如果你有钱，但不会利用，不懂得用钱来获得帮助，就没有充分发挥钱的价值。

　　因此，获得金钱也是爱自己的重要方式之一。

跟原生家庭分离

提升安全感最重要的方式就是跟原生家庭分离。你要开始慢慢地心疼自己。

当你觉得自己离开别人就会活不下去的时候，你可以静下心来感受一下：这是真的吗？在你很小的时候，你离不开父母，离不开伙伴。但是现在呢？你已经长大了，有能力独自一个人面对生活了。那么你就要思考，你有哪些能力可以支撑自己面对这一切呢？

当你觉得别人会惩罚你的时候，你可以静下心来感受一下：这是真的吗？也许小时候，当你犯了一个错误时，当你父母心情不好时，当你没有让他们满意时，他们就会惩罚你。但是现在你可以再问问自己：这是真的吗？现在的你跟当年的你有什么不同之处呢？

在弱小的童年，我们的心灵是很脆弱的，只能通过依赖和养育者的供给体验到爱和安全。但养育者的供给不是全能的，养育者的保护和照顾也不是完美的，你也不可能像生活在温室里的花朵一样不经历一点风雨，你势必会体验到不同程度的危险和恐惧。虽然在现实中，你存活下来了，但是在长大的过程中不仅有欢乐，也有痛苦，甚至是创伤。那么，成长中掺杂的血和泪就是你再也不想去触碰的悲伤和恐惧，就会被你压抑在潜意识里，伴随着你来到成人的世界中。

你之所以会感受到不安全，是因为当下的情境激发了你潜意识中的恐惧。你要知道，这些恐惧已经不一定是真的了。

原生家庭及育儿中的安全感

人为什么会自我恐吓呢？

因为他有过很多被恐吓的经验。他从现实经验中知道了，这个世界是苛刻和危险的。这个经验来自一个人的原生家庭、学校教育、早年经历、成年重大事件等。原生家庭的影响较为显著，我们先以原生家庭为例，探索人的安全感是如何被影响的。但你要知道的是，这绝非唯一的影响因素。

零岁至一岁半是安全感建立的关键期，这个阶段被弗洛伊德称为口欲期。这个阶段的婴儿对世界是完全没有判断力的，要完全依靠母亲存活。父母的忽视会让婴儿体验到巨大的恐惧，这种恐惧会被压抑到潜意识里，多年后依旧会影响他的生活。

当你能检索到你内在的一些恐惧时，你可以找到很多关于这些恐惧的记忆。

想要消除深藏在潜意识中的恐惧，就要拿出面对它的勇气。通过探索让它浮现出来，一遍一遍地厘清恐惧的形成过程，才能更好地理解自己的恐惧，进而理性地判断恐惧是否真实，也就有了处理恐惧的可能。

父母的人格

在家庭中，自身就没有健全人格的父母会对孩子的成长产生很大的影响。一个人如果从小就被父母或他人恐吓、威胁、惩罚，弱小的自己是无法面对这样的恐惧的。当这种恐惧一遍一遍地重复，他就会记住这种感觉，弱小的自己会把对这个世界的危险认知放大，从而在心中形成外在是很危险的印象。

如果长大后他没有去调整这样的认知，没有重新去认识这个世界，那么他对于危险的认知就会被保留下来。也就是说，虽然他生理上已经30多岁了，但是在他的头脑里还存着一个小孩子看待世界的想象。

有的父母本身就是一种危险源

当孩子表现得不令这样的父母满意的时候，他们就会直接对孩子进行惩罚。我访谈过很多在这样的父母的教育下长大的孩子，他们对于原生家庭很大的体验就是：但凡做得有偏差，不管是多么小的一件事，都会受到指责、谩骂或体罚。有时候，他们自己也很困惑，都不知道自己做错了什么，就会受到莫名的惩罚。

一位同学说："小时候，只要我没照顾好妈妈的感受，我妈就会骂我。连我爸都会一起帮着她骂我。亲戚朋友们也会帮腔说：'你妈做生意这么忙，脾气难免有些暴躁，说话难免有些难听，你要多体谅你妈的不容易。'

"妈妈总是指责我不懂事，总是用脏话骂我：'你真是一个废物！我辛辛苦苦从早忙到晚，水都没来得及喝一口，而你却在家舒舒服服的，什么家务也不做，也不看眼色去做饭，还想等着我回来做，是不是？看我不一巴掌打死你！'

"每当回忆起这个画面，都能让我痛苦好一阵。"

这位同学没有能力随时照顾好妈妈的感受，那么，对他来说，来自妈妈、爸爸、亲戚的惩罚就是随机的。他不知道下一刻会有什么危险，就只能更加小心地生活。

在这样的恐吓里，孩子的内心就形成了一个危险的世界："只要我做得不够好，就会有惩罚和危险发生。"

对于那些生活在暴力家庭中的弱小的孩子来说，父母的暴脾气简直就是灾难，长期生活在这种语言与肢体的惩罚中，孩子的心灵会笼罩上黑色的阴影。父母本应该保护孩子，却成了孩子的危险源。长期与危险源共处，孩子很难会不觉得这个世界充满危险。

缺乏安全感的父母会传递对危险的焦虑

有时候，父母传递给孩子危险感时并不是恶意的，但也会对孩子的认知发展构成威胁。父母自身就对这个世界充满了不安全感，也有很多焦虑和担心无处安放，就会本能地投射到孩子身上。

每当孩子生病的时候，有的家长就会紧张到不行，在他们的想象里，孩子就像得了绝症一样，他们会陷入极大的恐慌中。

孩子还小的时候喜欢乱吃东西，什么都往嘴里放，有的父母就会恐吓他们，告诉他们，世界上存在着无处不在的细菌，把它们吃到肚子里就会长虫子，虫子会把肠子咬坏。

还有的父母担心孩子的安全，为了不让他们乱跑，就会跟孩子说，外面到处都是拐卖小孩的坏人，他们会把小孩的心脏掏出来卖钱。不管父母是不是出于好意，当他们把这种恐慌传递出去时，孩子就感知到了这个世界的危险性。

很多父母对孩子的调皮、不听话很不耐烦，就会恐吓孩子："你不听话，就把你扔出去喂狼。""你不好好学习，爸妈就不要你了。"

这样的威胁在很多时候的确是有效的。在成年人的世界里，区分现实和玩笑是非常容易的。哪有什么童话和恶鬼，接受过九年义务教育后，我们能区分清楚。但在小孩子的世界里是分不清楚的，他会当真。一个都能把童话当真的人，还有什么是不能当真的呢？

孩子长大后同样逃脱不了父母的焦虑："如果你不赶紧找个对象，就会变成大龄剩女，没人要了。你 30 岁不生孩子，老了就没人陪你，没人照顾你，你就会很凄惨地孤独终老了。"

有的父母很介意自己家经济条件不好，他们会反复强调没钱的后果，总是在家里唠叨没钱的生活是多么艰难，没钱就会被人看不起，没钱就会抬不起头。父母那种无奈和憋屈的感受就会被孩子感知到：没有钱的世界是万般艰难、寸步难行的。

一位同学说："我小时候经常听到爸爸妈妈说家里没钱，日子过得很紧，舍不得买东西。父母说的时候我没什么感觉，但言语的背后传递出去的是没钱是一件很可怕的事。"具体哪里可怕，孩子可能并没有听父母清晰地描述过。他们传递出来的是一种未知的恐惧，它会弥漫开来，让人无所适从。

爱讲道理的父母是一个危险源

有的父母受过高等教育，觉得不应该对孩子打骂。但他们内心又对孩子充满了期待，讲道理就是他们惩罚孩子的出路。

培养孩子的人格和习惯是必需的，有感情的道理对孩子的成长是有助益的，但有的父母会沉浸在自己的道理里，无法说服自己，也无法说服孩子。他们所说的道理是一种强迫性灌输的道理。这种道理看起来是道理，气势上却是一种恐吓。

常见的故事是这样的：

妈："整天就知道打游戏，你看看人家小明打游戏吗？"

孩子："不打。"

妈："小明就是因为不打游戏，所以成绩才好。那你看看小刚打游戏吗？"

孩子："打！"

妈："小刚就是因为打游戏，所以成绩才不好。那你看看小红打游戏吗？"

孩子："不打。"

妈："小红知道自己成绩不好，所以不打游戏。那你看小刘打游戏吗？"

孩子（骄傲地抬头）："打！"

妈："人家小刘就是因为成绩好，所以才能打游戏！"

父母能把道理讲到无理可讲，强迫你自愿地、带着恐惧地做出妥协。

父母的沟通姿态

我们对这个世界的认知最早来自养育者的引导。我们在脆弱的童年是极其依赖父母的，父母对待我们的方式以及我们与父母的互动方式会对我们的认知产生极大且长久的影响。

在原生家庭中体验到的恐惧之所以这么难以释怀，是因为小时候受到的冲击力太强了，而且这些冲击会一遍遍重复。这种恐惧因为你害怕再次面对而被你压抑起来，藏在了潜意识的抽屉里。当你慢慢长大后，你以为那些伤害已经过去了，但它们并没有真正消失，而是被你假装遗忘了。

父母对待别人的方式是一种危险源

有的人觉得："我的父母从来没有打骂过我，为何我会活得如此小心？"

如果爸妈经常说别人、其他孩子坏话，那孩子的内心也会觉得："如果我像爸妈眼里的那些坏人、坏孩子一样，我也会被同样对待的。"

虽然危险并没有实际发生过，但在孩子的视角里，父母一直在以一种杀鸡给猴看的方式威胁着孩子。

因此，身为父母，要注意自己的言论、对待其他人的方式，这些都会被孩子观察到，并无意识地担心自己有一天也会被这么对待。

父母的忽视会造成恐惧

一位同学说："妈妈经常以工作忙为由忽视我，就算在家也只顾忙家里的事，从来不关心我的感受。在我的印象中，她好像从没有跟我亲近过，我仿佛不是她亲生的孩子。"

父母的忽视意味着自己有被抛弃的可能，意味着自己对父母来说可能根本就不重要。这就意味着，孩子要一个人去面对这个世界。他会觉得没有人关心他的难处，没有人理解他的心情，他的内心就没有被支持的安全感。他会有很多自己克服不了的困难，甚至在影视作品中看到很多关于危险的想象，也不知道该怎么处理。

有的人出生在有很多孩子的家庭，父母根本顾不上照顾他们。经济的压力已经让父母不堪重负了，孩子们吃饭都要抢着吃，更别说给他们提供更多的资源和支持了。那么，孩子就必须学会自己一个人摸索着长大，面对困难和恐惧时，也找不到合适的人诉说和帮忙，孩子就会习惯性地放大这种恐惧和无力感。

Chapter 03

自由感

轻松来自内心的自由

感受与理性

当我们去做一件事情的时候，内在有着两个驱动力：

一个是感受；

一个是理性。

感受就是情绪的流动。那些让你感觉到快乐、愉悦、幸福、轻松等正向情感的事，你就想去做更多，比如说去吃好吃的，去见喜欢的人，去打喜欢的游戏，去寻找刺激、自我挑战，等等。那些让你体验到悲伤、压力、委屈、挫败等负向情感的事，你就无意识地想逃避，比如说不想做家务，不想加班，不想写作业，等等。

情绪是在身体里的，当你体验到生气、委屈、开心、无助的时候，你身体的每一个细胞都会有所反应。情绪浓烈的时候，你还能明显地观察到自己身体的变化，比如呼吸急促、僵硬、放松等。

当你去做一件你喜欢的事时，不仅你的意识在指挥你做，你整个身体其实都在参与这件事。我们常说，身随心动。这里的心就是指人的内在感受，就是从心里感受到的一种内在感觉。

但你的感受未必能推动你成功做成某件事。因为除了感受，你同时还拥有另外一种动力来驱动你，这就是理性。感受负责愉悦冲动，而理性则负责权衡利弊。理性在大脑里产生，会去判断哪些是"应该"做的事情。

当你开始权衡的时候，你就会去思考、纠结、讲道理，用说服自己的方式去做你觉得正确、合理、应该的事情，比如说加班、不得罪人、做家务等。那些让你觉得不合适、错误、不道德的事情，你就会不想去做，比如说浪费钱、自私、偷盗等。

在弗洛伊德的思想体系里，这两个部分被称为"本我"和"超我"。感受就是本我的驱动力，是用来体验愉悦的。理性就是超我的驱动力，是用来正确决策的。理性会对事物做出评判，就像在你的大脑里住着一位批改作业的老师：这是对的，应该去做；那是错的，不应该去做。而内心的感受没有对错，只有舒不舒服、愉不愉悦和想不想。

感受和理性是两套既独立又相关的动力系统。这两个动力同时作用于人的时候，如果方向是一致的，就叫作身脑一致；如果方向不一致，就是身脑分离。

累是因为内耗，而非外在事多

感受和理性并非总是一致。

比如说，你觉得父母养育了你，他们很不容易，所以应该尽量满足父母的需求，应该多跟他们联系，这是你的理性。如果你这样做了，就代表你是一个有道德的人、孝顺的人。因为你从小受到的教育就是"要做一个有道德的、孝顺的好人"，所以你会觉得这些都是你理所应当要做的。

理性驱动的好处就是当你认同了社会规则时，你就会得到社会的认同。当你成为一个有道德的、孝顺的好人时，你同时也会得到父母、亲戚以及身边其他人的认可和好评。

但成为一个好人未必是舒服的。你可能并不想多跟他们联系，你觉得很烦，你的感受让你很想拖延、逃避跟他们联系。

身脑分离的结果就是内耗。当你在决定是否做一件事情的时候，你的内心正在进行着一场恶战，两方势力正在互相残杀。

你的感受说："这样做让我觉得不舒服，我不想做！"但是你的理性说："这样做是对的，你必须这么做！"可以想象，无论最后哪个声音胜出了，你都是输家。

即使最后本我赢了，你选择了不去做应该做的事，超我也会一直责怪你，让你非常自责，休息也休息不好，享受也享受得不彻底。

很多人觉得自己明明在休息，但还是感觉休息不过来，其实就是内在充满了焦虑和评判，根本无法得到充分的休息。很多人看起来很闲，其实没做什么事，却一直很累，原因就是如此。光身体停下来有什么用？脑子没停。外在没干活儿，内在却一直在斗争。

即使最后超我赢了，你选择了继续去做，本我也会一直拖后腿，制造困难，不让自己去做。这时候你做起事来就会效率低下、思维迟缓、创造力低，也做不出什么好的成绩来。即使你强行去做了，又因为这是你违背自己本心的决定，你也很容易感觉到倦怠、疲惫。

拖延就是身脑分离的结果，做事情不在状态也是。

一个人之所以会累，就是因为他过得拧巴，内在一直在撕扯。他的内心明明不想干，大脑却非要强迫他干。如果一个人的精力都用在了和自己做斗争上，那么，他能不感觉到累吗？能不觉得压力大吗？

所以，如果你体验到了累、压力、迷茫、麻木，你可以去思考一下：此刻，你是否已经身脑分离，你的心是否已经不再自由了？

轻松和创造来自身脑一致

身脑一致，就是你做的事正是你喜欢的事，正是你真正想要做的事；你停止做的正是你不喜欢的事。你的本我和超我、感受和理性同时往同一个方向用力，就会达到事半功倍的效果。很多人在工作和学习中创造力大爆发，特别有想法，特别能够享受其中，就是因为他们的身脑是一致的。

自由是一种内心的体验。当一个人的身体和大脑在一起愉快地工作时，人就会特别舒服，特别有存在感。他体验到了鲜活的自己，就会很有活力、朝气和感染力，周围的人也可以感觉到他积极的生命力。一个人知道自己在做什么，知道自己为什么要这么做，并愿意坚持自己想做的，也能为自己想做的负责，我们就说他获得了真正的自由。因为他不被内心的枷锁所禁锢，所以他的内在没有矛盾和冲突，像是驰骋在开阔的马路上，尽情地狂奔。这时候的人就是有创造力的。

很多爱追求梦想的人都活得特别鲜活。因为热爱，所以奋不顾身。有的人省吃俭用，就是为了买到梦想中的钢琴，当他沉浸在自己的演奏中时，他就是世界上最幸福的人。当一个本来学习平平的高中生为了考上梦想中的大学而开始奋发图强时，他的身心和大脑在一起加油，他就有可能创造奇迹，让全校的人对他刮目相看。

身脑一致可以得到真正的轻松。当你听从内心感受的召唤，想做的时候做，不想做的时候就不做，你就懂得了什么时候需要休息，什么时候可以放松。即使你的身体暂时会累，因为你知道这是自己的选择和坚持，你的内心也是轻松的。

因此，自由也是轻松的。

内在自由才是真正的自由

外在的不自由是必然的。人不可能自由地上天入地，随心所欲。但外在的不自由不一定是真的不自由。我们判断一个人是否自由的标准是身脑是否一致，思想是否跟身体保持一致。具体来说，不自由就是你想做却不能去做，或你不想做却不得不做。

你不想做而没做，这就是自由。我列举了几种常见的情况，你可以感受一下什么是内在的自由。

当别人控制你的时候，你是不自由的吗？

这得取决于你喜不喜欢被控制。

当你不喜欢被控制，却不拒绝，这时候你就会体验到不自由，你就开始期待别人尊重你，不要强迫你，要去理解你，你会试图通过让别人顺从自己来获得自由。

但不是所有的管束都是不自由的。比如说，有的人就是喜欢被管。他不想自己做决定，就是喜欢别人告诉他该怎么做，他去做就好了。他觉得这样可以节省自己的力气，所以，他就是自由的。还有的人觉得可以放弃自己的想法去听对方的，因为对方对自己很重要，这时候他也是自由的，因为他完全在跟随内心，做着自己想做的事。

当你在讨好别人的时候，你是不自由的吗？

如果你在讨好别人的时候心不甘、情不愿，一面讨好，一面又委屈着；一面不敢发生冲突，一面又抱怨对方，那你就是不自由的。因为你真实的自我可能想拒绝他或想跟他发生冲突，可你又不敢，所以你在违背你的真心，那你体验到的就是不能做真实自己的不自由感。

如果你在有意识地讨好，在为了某种目的而讨好，那么这种讨好出自你的本意，你就是自由的。你明白自己的想法，并在坚持执行自己的想法，你是在为自己的目标而努力，那么你就是自由的。

当你在负责任的时候，你是不自由的吗？

责任分为两种。

第一种，你的本意并不想负责任，但又觉得不得不负责任，这时候你就是不自由的。在负责任的过程中，你就会感到烦躁、焦躁，因为你感觉自己是不得已而为之。

比如说，一个人离婚了，她的内心根本不想要自己的孩子，但是又觉得不去争取孩子会显得自己没人性，不是一个好妈妈，她就只好为了保留好妈妈的形象而去养育孩子。那么，即便她看起来对孩子很负责任，她的内心也是很不自由的。

第二种，负责会让你体会到一种使命感，体验到一种意义，这时候你就是自由的。你很享受负责任的过程，你觉得自己在负责任的同时得到了升华，你很愉悦和满足，觉得自己很棒，那么这时候的你就是自由的。

比如说，守卫边疆的战士在春节期间执行任务，不能回家过年。他要为自己的任务负责，而他也很乐意负起责任。他是在心甘情愿地做出牺牲，他为自己可以保家卫国而感到荣耀。那么，他的内心就是自由的。

当你在坚持的时候，你是不自由的吗？

坚持就是强迫自己。当你知道你在强迫自己，并且内心并不觉得拧巴的时候，这种强迫就是有意义的，它也是一种自由。

比如说，你在爬山，身体爬不动了，但你特别渴望见到山上的风景，还是强迫自己爬下去，这时候的你就依然是自由的。因为你主动选择了强迫自己，你的身脑是一致的，你的动作跟你的追求是一样的。

比如说考研，天天学习真的很累，但这是你的目标、梦想，你特别想要实现它，所以你决定靠自己的意志力再坚持一下，此刻的你就是自由的。但有时候，你已经不想再坚持了，想放弃这个梦想，你的大脑却在强迫你不要放弃，那么此刻的你就是不自由的。

当被限制了人身自由时，你是不自由的吗？

当你被限制住了行动能力，比如说生病住院，犯罪被关进了监狱，在下班的时间不能及时下班回家，那么你还是自由的吗？

自由从来不以外在的身体在哪里作为判断，而是你的内心有没有和你的大脑在一起。如果你的身体在某个地方，你的内心和大脑接纳了这样的自己并且不再抗拒，转而去做你能做的事情，你就还是自由的。

比如说，心理学家弗兰克，他作为犹太人被纳粹关到了集中营里，身体失去了自由。当他的心不再抗拒这件事的时候，他就获得了自由。在自由的基础上，他开始追求自己喜欢的事，在集中营里构思、写作，并出版了经典名著《活出意义来》。

比如说，有的人因为疫情被困在家里，身体不能外出自由活动。但当他接受了这个事实之后，他就已经是自由的了。有的人会在家里打游戏、写作、做家务等，做自己喜欢的事，他们就实现了身脑一致，也就体验到了自由。

常见的不自由表现

别人的要求如何让你不自由

人生存在社会上，被他人强迫是在所难免的。每个人都是独立、有自由意志的个体，都会渴望按照自己的自由意志去做事，并希望得到别人的配合。我们在行使自己的自我时，就会影响到别人的自我，对别人形成控制。所以，只要你与人交往，就会被别人要求。

对有些人来说，他们不喜欢被别人要求、控制，觉得自己被强迫了，非常不舒服。这时候，如果他们选择忍耐，不去为自己的不舒服做点什么，那他们就是不自由的。

比如，有一位同学说："我被借调到其他部门，但是我不想在这个部门工作，心里有委屈，却不敢表达，每天上班都感觉非常心累。"

对于这位同学来说，委屈是他非常真实的感受。他的委屈告诉他，他并不想被调到其他部门。

这时候，他获得自由的方式有两种：

第一，让他的大脑尊重并听从内心的感受，想办法不去其他部门；

第二，去发现其他部门带来的好处，让内在感受接纳去其他部门这件事。

无论是让感受跟随理性，还是让理性跟随感受，只要这两者方向是一致的，他就可以实现身脑一致，获得自由。

如果要选择让大脑听从内心的感受，那么这位同学可以做的事情就太多了。比如说，可以去向领导表达自己的需求、不满和委屈；也可以去跟领导谈判，分析利弊，希望领导能够考虑自己的建议；甚至还可以给领导送点礼物，哄领导开心，从而让结果往感受愉悦的方向发展。无论你做什么，当你在为自己的愉悦感受负责时，你就是自由的。

领导同意不同意是一回事，你有没有为内心的需求争取过则是另外一回事。假如你争取失败了，你就可以去做别的选择了。

别人的控制、要求、强迫从来不会让人失去自由，让人失去自由的是我们内在"必须顺从"的逻辑，是"如果别人有要求，我就必须顺从""当别人控制我，我不应该去反抗"的懦弱。

一个人一旦觉得自己应该顺从，那他就会放弃维护自己的需求，从而让自己处于委屈的状态。这种委屈一次两次还好，随着委屈的积压，人最后就会暴怒。在顺从的内在逻辑下，你就让自己陷入了一个矛盾的僵局：从感受上来说，你想坚持自己，不想妥协；但从理性上来说，你又觉得应该去满足他们的需求。你无法化解这个冲突，最后就会以暴怒的方式展示出来："你不要对我有要求了，我不想顺从你了。"

所以，其实让我们失去自由的从来不是别人的要求，而是我们内心的懦弱。

别人的嫌弃如何让你不自由

别人的嫌弃、指责、批评也是常见的现象。很多人对此的反应就是暴跳如雷或委屈无比，觉得自己不应该被这么对待。但其实别人如何用语言评价你是别人的事，你怎么做是你的事。为什么别人的评价能轻易地刺激到你呢？

一位同学说："公公嫌弃我直接用水龙头接水洗手，觉得这样用水多，我非常生气。我觉得公公管太多了，连用水龙头接水洗手都要管。"

我跟她说："对啊，没毛病啊，用水龙头接水洗，是不如接到盆里洗省水啊，我同意你公公的论点。但公公是对的，并不代表你要改正。"

对这位同学来说，她体验到的是公公的嫌弃。她压力很大，觉得怎么连洗手都无法自己决定，都要被管束。可让她不自由的是公公的嫌弃吗？其实是她内心的"如果 A，我则 B"的想法："公公嫌弃我，我就必须改。公公说得对，我就必须改。"

她说："不然呢？"我接着说："谁规定了因为公公的嫌弃，媳妇就一定要改呢？虽然浪费水是错的，但是谁规定直接用水龙头接水洗手就是浪费水呢？"

选择或不选择节约是你的自由，你可以大方承认。如果这是在他家的话，你就尊重一下人家的规矩，没办法，毕竟你用了人家的水。但要是在你家的话，性质就不一样了。

她接着说："这会导致冲突啊。"这时候，她内心的逻辑就变成了"我为了不跟公公冲突，选择了顺从公公"。

为了不和公公冲突，你可以选择妥协，这是没有问题的。这和"公公嫌弃我，我就必须改正"是两种不同的内在动力和感觉。

让我们不自由的并不是别人的嫌弃，而是对于别人的嫌弃，我们失去了选择能力。是你内心中"一旦别人嫌弃我，我就必须改正"的逻辑让你不自由了。除了改正外，面对别人的嫌弃，你还可以这样：

嫌弃合理，就是不改；

讲得正确，就是不改；

你说得对，就是不改；

即使冲突，我也不改；

如果你先改，我可以考虑后改。

但是这样的决定是需要勇气的，你敢吗？自由的一部分，就是敢于面对冲突的勇气。

事情太多如何让你不自由

生活中的事情是无限多的。一个人只要去选择做事，就能找到无数事做。但如果他开始选择不做事，他就会很轻松。对有的人来说，他总能找到做不完的事，把自己弄得很忙，然后特别累。

一位同学说："在工作中，同事不按照公司规定的标准来做事，导致我接手她的工作时还要重新再做一遍，我很愤怒。"

是什么让这位同学愤怒了呢？

是同事不按规定操作吗？那你可以要求他把工作做得合乎规定再交接给你啊。如果他不做，你也可以不做啊，反正糟糕的结果不是你导致的。被追究起来，你也有理由。但这个同学做不到，因为他有一个逻辑：

"如果工作有出岔子的可能，我就必须做好。如果别人不做，我就必须做。如果工作没有完成，我就必须做完。"

如果一个人内心有了"必须做完、做好"这样的想法，就足够他不自由了。为了做完、做好，他就会忽视自己的感受，不顾自己的情况，强迫自己去完成。

所以，事情多本身不会导致人不自由，必须做完、做好的理性要求才会让自己失去自由，对事情没做完、没做好的悬浮状态不耐受才会让人失去自由。有人觉得必须这样啊，却很少会深入想想：为什么必须呢？谁规定必须呢？

另一位同学对儿子玩手机很愤怒。她觉得儿子玩手机不学习，她就要花心思操心他的学习成绩，要督促他写作业，要叮嘱他在学校好好表现，还要担心他成绩不好以后考不上好大学，过不上好日子。但是，她又觉得自己总是操心儿子，就没有时间去做自己想做的事情了，她就会变得很不自由。

那么，在这个过程中，是什么想法让她失去自由了呢？

"如果你不管自己，我就必须管你。如果你不操心自己的未来，我就必须操心你的未来。如果你学习不好，我就必须为你的学习负责。"

其实是"我必须管你""我必须对你的学习负责""我必须为你的未来负责"等想法让这位妈妈给自己找了烦恼，从而让自己不自由了。

事情本身不会让人不自由，必须做这些事的想法才会让人不自由。

除了要求自己必须做什么，要求自己不做什么也会让人失去自由：明明想骂人，却忍着不骂；明明不想忍耐，却要求自己必须忍耐，人就会变得不自由。

平凡和普通如何让你不自由

生活中，有很多人特别努力地在赚钱，他们仿佛背负着亿万元的债务。当你邀请他们一起出游、一起聚餐时，他们总是没时间。当你问他们为什么这么拼命的时候，他们总会一脸无奈地告诉你："没办法啊！我也不想这样，但是总得去赚钱啊！"

这些努力的人什么时候才能熬出头呢？他们到底要赚多少钱呢？为什么他们不肯停下奋斗的脚步呢？努力是个好品质，但努力就是必需的吗？人有不努力的自由吗？

一位同学说："我在一家互联网公司上班，上班制度是'996'。我感觉自己忙得都快没了喘息的时间了，每天起早贪黑的，感觉自己实在是太辛苦了！"

我问他："工作这么累，那换个工作行不行？不工作行不行？"他坚决地回答："那怎么行！没工作了，怎么吃饭养活自己？这家公司虽然忙，但是薪水还可以，我这么年轻，正是挣钱的年龄，我可不能不上进啊！"

仔细一想，其实养不活自己只是一个虚幻的恐惧。不努力和不工作完全是两回事，轻松工作最多平凡，不会导致养不活自己。这个同学真正如此拼命其实是因为这几个逻辑：

"如果我有时间，我就必须用来上进。"

"如果我现在平凡，我就必须努力。"

"如果未来不足够安稳，我就必须以最快的速度赚钱。"

有很多焦虑的人就是如此，他们对闲着不耐受，一旦体验到了自己有空闲时间，就必须用力把自己填满。有的人对自己的平凡不耐受，一旦体验到有落得平凡的可能，就必须用努力来把自己填满。还有的人在体验到自己闲着的时候，便会用"偷懒"评判自己，一旦他们发现自己还有多余的精力，就会要求自己不能偷懒。

对这样的人来说，累、压力、焦虑、忙碌才是正常的状态。对他们来说，如果没有进入这样的状态，就必须努力、上进、加油。

别人的不开心如何让你不自由

有同学说："在亲密关系中，我经常感觉到对方的负能量。跟对方在一起，我感觉好沉闷、好压抑。如何在不太理想的亲密关系中获得轻松和自由呢？"

其实在亲密关系中，对方有抱怨、委屈、伤心等负面情绪是常态。每当被负面情绪困扰的时候，有的人就会觉得压力很大。这种情况在亲子关系中也大量存在着，有的母亲会在孩子哭泣的时候变得十分烦躁，会禁止孩子哭泣，不让孩子委屈，更不能表现得脆弱。

别人的不开心，尤其是亲近的人的不开心，会给一些人带来特别大的心理压力。实际上，我们思考一下：不开心是别人的事，为什么另外一些人的不开心会让自己有心理压力呢？别人的不开心是怎么影响到自己的呢？

当一个人对别人的不开心有恐惧的时候，他便丧失了安全感。当他有压力感的时候，是因为他的一些内在逻辑让他失去了自由：

"一旦对方对我失望，我就必须照顾他的心情。"

"如果对方不开心，我就要对他的不开心负责。"

"如果他的不开心是我导致的，我就要负责解决这个问题。"

然后他们的内在就开始产生矛盾了。在感受上，他们真的不想去管对方的这些糟糕情绪，况且自己的情绪也并不好，还要去负责另外一个人的，就会特别累。理性上来说，他们又觉得这样做是对的，是自己的责任，是自己应该做的。尤其是他们觉得这是自己导致的，就更加无法逃脱这个逻辑的魔咒了。因为他们从小就知道"自己的错自己承担"这样的道理，就更加觉得应该去照顾好对方的情绪。

当你既不想去照顾对方的情绪，又觉得应该照顾对方的情绪时，聪明的潜意识就想出了回避掉这个冲突的方式，你就会去要求对方："你不要有负面情绪了，不要不开心了，不要有委屈了，不要有脆弱了。"这样你就既不用管对方，又不用做不愿意的事了。

可是，谁说别人一有不开心，你就必须管他呢？谁说的因为你导致了他不开心，你就要负责呢？负责是一种选择，从来不是必需。照顾别人的不开心是一种善良，不是义务，即使是你导致的。实际上，你也经常见到把自己的不开心"甩锅"给别人的行为，但是你又会觉得这样不好。可又是谁规定的不可以呢？

对于别人的不开心，你觉得压抑，是因为你丧失了边界感。你无法让他们为自己的情绪负责，你想替他们安抚他们的情绪，可是你的能力和意愿又不够，于是你就开始痛苦了。

还有的人不喜欢社交，更喜欢自己待着。他们觉得社交很累。其实社交分为滋养型社交和消耗型社交。在滋养型社交里，人的情绪是被照顾的，因此是被滋养着的。而消耗型社交则是他觉得自己必须照顾好别人的感受，必须迁就别人。在这样的消耗关系中，人就会体验到社交的压力。

在消耗型社交里，人是不自由的。当你跟别人相处感觉有压力的时候，你要问问自己：

"我在要求自己必须照顾对方的感受吗？"

"我在要求自己必须听对方的吗？"

"我在要求自己必须为对方的不开心负责吗？"

"我在要求自己必须付出什么吗？"

逃避是如何让你不自由的

逃避是一种虚假的自由。

逃避只是暂时性地通过逃离充满压力的环境来实现短暂的轻松。逃避看起来实现了轻松，其实内在的逻辑并没有发生改变。一旦回到原来的环境里，压力又会席卷而来。

逃避社交

有的人不喜欢社交，更喜欢自己一个人待着，他们觉得社交会让自己很累。他看似实现了不跟自己不喜欢的人待在一起的自由，实际上，他真的享受一个人的时光吗？当他一个人待着的时候，他是真的特别喜悦呢，还是并不喜欢这份孤独呢？如果他并不喜欢这份孤独，他为什么要排斥和他人在一起呢？

在滋养型社交里，人是被滋养的，是满足的。人因为不耐受寂寞和渴望与他人产生联系而去社交，在社交的过程中与他人互动，收获了关心和支持，他就会感到很快乐，就会喜欢上社交。

而消耗型社交则是他觉得自己必须先照顾好别人的感受，必须先去迁就别人。在关系里，他预设了自己是一位付出者，他不敢安心享受他人的给予，他总是在担心别人会不会嫌弃他的缺点，总是在注意着要给对方留下好印象。那么，在这样的关系中，他就会体验到社交的压力，他会觉得很累，会消耗自己。当发觉收获的肯定与自己付出的精力不成正比，他就会放弃与人社交，来避免自己的精力耗损，他就会讨厌社交、回避人群。

通常，回避社交的人丧失自由的逻辑是：

"当别人有不开心的可能，我就必须先去照顾他的感受。"

"当别人在我面前时，我就必须表现出好的一面。"

在这两个逻辑的加持下，人在社交中就体验到不自由，就会想逃避。他会用"我不跟不喜欢的人待在一起""我不去参加我不喜欢的场合"来让自己确信可以对自己的喜好保有选择权。表面上看，他确实没有去做自己不喜欢的事，他很自由；实际上，他的内在还是被规则束缚着，还是不自由的。

当你感受到孤独，并且你并不享受这份孤独时，你所谓的自由就不是真的自由，而是一份虚假的自由，只是你逃避关系的一种方式。你之所以逃避关系，是因为你依旧被自己的"必须"所限制着。

逃避亲密

不仅仅是远离人群，离开亲密关系也是如此。有的人在亲密关系中受挫，会因为承受不了压力而选择分手、离婚。

有的人会抱怨对方"总是情绪低落、情绪化"，实际上，抱怨的人内在的逻辑可能是："如果他情绪低落，我就必须为他的情绪负责。"

有的人会抱怨对方"总是很懒，不干家务活儿"，实际上，抱怨的人内在逻辑可能是："如果他不干家务，我就必须做家务。"

这些内在逻辑会让一个人在亲密关系中对对方的低情绪、懒等状态没有耐受力，然后就会为了逃避这份感受而选择离开。他看似实现了离开的自由，其实他内在自设的限制性规则才是让他不自由的根本，是他逼自己付出、逼自己必须做什么的逻辑让他失去了真正的自由。就算他离开了这个人、这段关系，等他再换一个人相处，他依然会对这种压力感到不耐受，他仍然会继续纠结或离开，他依然得不到真正的自由。

逃避工作

工作也是如此。有的人因为压力大而离职，因为不喜欢某个老板、同事而离职。这时候，表面上他们只是想逃避某个令他们不舒服的人，可是内在的逻辑依然可能是：

"当别人有要求，我就不能拒绝。"

"当工作没做好，我就必须做好。"

"这事安排给我，我就必须负责。"

实际上，他们都是因为无法做出维护自我的选择，所以选择了逃离环境。虽然暂时摆脱了充满压力的环境，但他们内心的逻辑并没有改变。他们只是形式上逃离了压力，内心依然无法获得真正的自由。再进入下一份工作和关系的时候，因为这种模式还在，旧的压力就会重演。

我并不是说逃离是不可以的，而是当你想逃离一段关系或工作的时候，你可以先问问自己：你是为了什么而想离开的？是因为你想追求新的呢，还是因为你无法耐受旧的，想要通过离开解决呢？

因为有所追求而选择离开，你的世界会越来越宽，因为你正活在积极生活的路上。而因为逃避而选择离开，你可以暂时摆脱压力，却很难在关系中去思考自己的内在模式的真相。

每次感到不舒服，不要着急逃离，而是先去思考："我在强迫自己想出面对的方式吗？"

当然，你也不是非要留下来。你需要厘清你内在的逻辑，你可以因为一些现实原因而离开，却不必因为对自己的逻辑不耐受而离开。

小隐隐于野，大隐隐于市。真正内心自由的人从来不需要到荒郊野外，而是在红尘之中依然可以保持内心自由。

不自由的本质

失去自由的内在逻辑

失去自由的逻辑就是:

"如果发生了 A,我就必须 / 不能 B。"

当我们应对外在情境 A 的时候,其实内心是有个喜好判断的,并伴随着一个想如何如何的冲动。看到天气很蓝,就想出去玩。昨晚没睡好,今早就不想起。我们想根据这些冲动而活,奈何理性不允许。理性给了自己另外一个限制:必须做 B,或者必须不能做 B。此时,我们内心就失去了自由。比如说:

"如果别人不开心,我就必须照顾他。"

"如果我的伴侣不同意,我就不能去做。"

"如果我不够优秀,我就必须努力。"

"如果我有闲着的时间,我就必须用来做事情。"

"如果别人需要我,我就必须满足他。"

......

当你内心有了这个逻辑,你就被捆绑了。因为一旦发生了 A,

你就没有选择 C、D、E、F 的自由，只能选择 B。这就是一种限制性的信念，限制的意思就是强迫、被迫，就是不自由。因为自由是开放性的，是有多重可能性、创造性的，而被迫却是单一、封闭、指令式的。

想找到你内心匮乏自由的逻辑，你需要的就是两个办法：

第一，观察你内心的活动。找到你内心"必须""应该""只能""一定"相关的词语，把它写出来，看看这是否是让你愉悦的，然后改写成"如果 A，我就必须 B"的逻辑。

第二，当你有任何不愉悦的感受的时候，观察下你的期待。理想状态下，事情怎么发展你会满意呢？你有没有让这件事变得更满意的方法呢？如果你没有让自己走向愉悦，是什么阻碍了你呢？然后找到"如果 A，我就必须 / 不能 B"的逻辑。

一位同学对自己"不能全身心投入工作"特别自责，找到了我。自责是最容易判断出的自由匮乏的原因，因为自责的直观语言就是"我应该做 ××，我没做到，我很自责"。所以他的自我要求就是：我应该全身心投入工作。

那发生的 A 是什么呢？就是他发现自己三心二意了。那么他的自由匮乏逻辑就是"如果我工作中三心二意，我就应该全身心投入"，或者"当我工作的时候，我就应该全身心投入"。

我又接着问："为什么要全身心投入呢？"他说："因为同样时间里，全身心投入的同事做出来的成绩比我好很多。"比同事做出来的多固然让人愉悦，但这不是自责的理由。当一个人体验到了自责，他对于这个结果就是执着了。因此，他还有一个自由匮乏的逻辑就是：如果我和同事在一起工作，我做出来的成果就必须比同事多。

自我强迫导致了人内心的不自由

遵循这个逻辑的过程就是自我强迫。让一个人失去自由的是他在强迫自己。也就是说，当你的大脑有了"必须""应该""只能"的想法时，其实你已经不自由了。

你的感受在告诉你想这样，你的头脑却告诉你应该那样，这时候你就被自己的大脑所绑架了。你总觉得是外在的某种东西让你不自由了，实际上真正让你不自由的是来自大脑的自我强迫，自我强迫就是身脑分离的本源。

自我强迫有两层含义——"我不想做，但是我必须做"和"我想做，但是我不能做"。

你可以感受一下这两句话带给你的感受有什么不同：

"我必须做……"

"我想做……"

前者会让你感觉到某种压迫感，因为它是一种命令，你必须执行，没有别的路，只能硬着头皮往前走；后者则会让人感觉到充实、愉悦、希望，对生活充满了美好感受，因为人在自主选择。

当一个人说"必须"的时候，其实是他内心并不想，才有了"必须"。

基于"必须"而做的事，人会越做越累，内耗严重。如果你违背了自己的心声去做事，本质上就是跟自己过不去，自己给自己找碴，自己给自己施加压力，你的感受就是压抑、抗拒、烦躁、消耗的。而基于内心自由做事，你的感受是愉悦的，是有创造力的，是舒畅、轻松、非常有存在感的。

所以，我建议你先去寻找内心的自由，再去生活。

实现内心自由的方式就是，最大化地尊重自己内心的感受，最小化地、理性地去强迫自己。

前面说过，实现自由有两条路：理性遵从感受，或感受遵从理性。实际上，第一条路更好走。因为感受是一种本能的反应，是较难决定和改变的。你喜欢做这件事，在那一瞬间，喜欢就是喜欢，不喜欢就是不喜欢，其实是很明确的，这是一种很自然的感受。感受不受意志的支配。就像你吃某个东西，好吃或不好吃，想不想继续吃，你很难去欺骗自己。

因此，想要实现身脑一致，其实最好的方式就是尊重你的感受，让你的理性可以顺从你的感受。但是，你的理性往往太强大了，你的感受就极易被理性所淹没。

我的感受并不重要

一个人之所以难以识别自己的感受，是因为他在进行情感隔离，他在忽视自己的感受。他弄不清楚自己的感受，并且觉得自己的感受不重要。

如果你去问一个人："你想怎样？你真正想做的是什么？你的感受是什么？"他未必能回答出来。你会说："怎么可能呢？人怎么会连自己的想法都不知道呢？"然而这的确是事实。

想法不同于感受。你可能会觉得："'我见了领导，确实想表现好啊。''孩子确实要管。''他不开心，我确实要哄的呀。'这就是我想要做的。"

实际上，在那一刻，在领导面前表现这件事让你愉悦吗？想照顾孩子的时候你享受吗？你喜欢在伴侣不开心的时候去哄他吗？

其实，在很多时刻，你头脑中"应该"做的事情和准则已经遍布你生活的各个角落，把你的生活围得密不透风，你已经太习惯用规则去思考，你的感受早就被你抛弃到九霄云外了。甚至，当你去想自己真正想要什么的时候，你突然就大脑空白了。你感受不到你的感受，你已经好久都没聆听自己的感受了。你已经习惯了与自己的感受相疏离，以至于疏离得太久，自己已然变得麻木了。你的大脑侵占了你的身体，让你变成了它的奴隶。

一个人能放弃自己的感受，听从大脑的指挥这么多年，只能说明他觉得"我的感受不重要，它不值得我去花精力捍卫"。一个人之所以总是在自我强迫，是因为他内心深处觉得自己的感受就是不重要的，他是不值得被照顾的。

当别人强迫、要求、控制你的时候，你为什么会轻易妥协呢？就是因为你内心深处觉得：

"对方的心情如何，比我的感受更重要。"

"对方的愿望是否实现，比我的感受更重要。"

"对方的利益是否损失，比我的感受更重要。"

"他人的种种都比我的感受更重要，我只能先照顾好他人，才能照顾自己的感受。"

可是，让他人永远开心和满意比《新闻联播》有大结局还难，你哪里还会有空间照顾自己的感受呢？

比如说，为什么事情一大堆的时候，你要强迫自己继续去做呢？很多人在工作中熬夜加班，不管怎么着也得先把工作做完。很多人做家务的时候也一再强迫自己做好。他们觉得这就是负责任，就是应该做的。其实他们内在的逻辑是：

"工作比我的感受更重要。"

"家务比我的感受更重要。"

"事情比我的感受更重要。"

"我必须优先照顾事情，我的感受要往后排。"

可是，这些事情又做不完，所以自己的感受就没有被顾及的机会了。久而久之，还记得自己有感受干吗！长期顾不上的就应该消失。

其实，你觉得他人、事情比自己的感受更重要也没问题，你可以有这样的选择。那你就大大方方地为自己的选择负责。有很多人的工作就是要照顾好别人的感受，做好很多工作就是比自己的感受更重要，这都没问题。问题是，偏偏你的内在又在挣扎，你觉得："我不想放弃自己，我不想牺牲自己。"

这时候，你的内心就有了冲突。一个声音在告诉自己，必须满足别人和事情，代价就是牺牲自己；另一个声音就是想照顾自己，代价就是牺牲别人和事情。

结果，你选择了前者，又不甘心。此刻，你就失去了自由。而你这么选择，只说明了一个问题：在你的内心深处，你觉得自己是不重要的，自己的需求是不值得被满足的。

我经常收到这样一些提问："到底应不应该这样做呢？这样到底是不是正确的呢？我到底应不应该照顾别人的感受呢？我应不应该任性呢？"对于问这种问题的同学，通常我都会先去反问："你想不想呢？"

当一个人问应不应该的时候，他就是不自由的；而去问自己想不想，才是自由。有很多事是不应该的，你觉得自己承担不起后果而不想，那么你也是自由的。比如说法律，你觉得自己"不应该违法"就是不自由的体验，而"因为害怕被惩罚而不想违法"就是自由的体验了。

如果你在强迫自己照顾谁或强迫自己做事，你可以问问自己：

"我照顾好自己真的不重要吗？照顾好自己内心真实的声音真的不重要吗？我真的不配有自己的需求吗？"

为了安全感

那么，人为什么要如此忽视自己内心真实的感受，去选择自我强迫呢？

因为放弃自由的目的是获得安全感。如果不是为了能安稳地活下来，谁愿意委屈自己呢？想要获得自由，你得付出代价，这个代价就是要牺牲一部分安全感。

自由是一个更高级的追求，要在自己足够安全的前提下才有精力去追求。当你不觉得自己身处的环境是危机四伏的，你的心才是轻松的，才能真正去想自己想要干什么，才有勇气去做。如果你在这件事上的安全感本身就不充足，那么你就承担不起这个代价，就没有能力去享受自由。

比如说，为什么有些人要强迫自己不跟别人发生冲突呢？为什么非要先去照顾别人的感受呢？谁不愿意想干吗就干吗，任性而为呢？但是他怕呀，因为在他的联想中，一旦跟别人发生冲突，他就觉得别人会惩罚他、指责他、离开他、抛弃他。所以，他必须先去照顾别人的感受，以别人的开心为主。相比自己是否跟着自己的心做事，他更怕对方的嫌弃与离开。他的内心是脆弱的，无法一个人面对这个复杂又危险的世界，他需要一个依靠，所以，他必须放弃自由来留住他人。

比如说，为什么有些人一定要强迫自己做一份不喜欢的工作呢？为什么不能拒绝不喜欢的工作内容呢？因为在他的想象里，一旦离开这份工作，他就会失业，就会变成穷光蛋，就会连个馒头都吃不上。毕竟，不喜欢事小，饿死事大呀！为了生存，他只能去做自己不喜欢的事了。他被未来一个人不能生存的恐惧给吓住了。你可能会说，这份工作没了，可以找下一份，怎么可能会饿死街头呢？是的，尽管你觉得他很夸张，但是在他的想象里，事情就是可以这样发生的。这只能说明，他心里的害怕是多么强烈，他对于生存的恐惧早已蒙蔽了他的双眼，让他看不见他在现实生活中其实是有很强的生存技能的。

比如说，为什么有些人要强迫自己留在一段不喜欢的婚姻里，跟一个不喜欢的人继续纠缠呢？因为在他的想象里，一旦他离开这个糟糕的人，他就会连这个糟糕的人都失去了，就会真的变成一个无依无靠的人、一个没人要的人，这真是太可怜了，而这份可怜是他无法承受的。即使跟一个人纠缠，活在痛苦里，他也感觉自己是存在的，是活着的。但是，如果偌大的世界，没有人陪伴，那种孤独的恐惧会让他无法呼吸。所以，在生存与痛苦两个选项里，他选择了痛苦。

在他们的想象里，不敢选择自由是因为害怕、安全感太弱，付不起自由的代价。他们会变得很消极，陷入一种深深的无力感之中："反正我想不想也没有用，自己说了也不算，我也没人管，也没人在乎，我还想它干吗呢？甚至当我有了自己的想法，还有可能会被惩罚，那我干吗还要有自己的想法呢？我干吗要给自己找麻烦呢？"

所以，为了安全感，人就不能去做自己想做的事情了："我太脆弱了，我需要先把自己保护起来，我得先保证自己是安全的，是能存活的。什么自由不自由的，我不配，我也负担不起这代价。"时间长了，一个人的内在逻辑就只剩下"应不应该"，没有"想不想"了。

自由是安全感被满足后的结果

自由是安全感被满足后的结果

　　当一个人内心感到安全，确定自己没有面临危险，或者此时的他应对外界的困难有了一定的自信，不再担心自己生存的危机时，他便有了追求自由的冲动。他会开始生出疑问："我是谁？我可以做什么？我可以做自己想做的事吗？我可以跟随自己的感觉走吗？我可以任性吗？任性是愉悦的，我可以拥有这种愉悦吗？"

　　在这个世界上，每个生命都是有自己的节奏的。就好比把一颗小小的种子丢在土壤里，在满足了阳光、水分、温度等生长条件下，它必然会发芽，也必然会慢慢地长成一棵大树。

　　同样，人更是有追求的生物，在满足了自己的生存条件后，就会很自然地开始有自己的想法，想通过顺从自己的想法去探寻自己的意志，通过做自己想做的事去寻找自我，去定义自己是谁。这时候，他就会慢慢变成一个独立自主的人，并且能为自己的行为负责。他知道自己是谁，他有自己的想法，他知道自己想要干什么。这就好比一个生在和平年代的人，他吃饱喝足后有了精神气，便有了行动力，总想去干点什么来让自己的人生更不一样。

婚前的甜蜜，婚后的争吵

有人说，婚姻是爱情的坟墓。这句话的意思是，谈恋爱的时候会很甜蜜，但结婚后的柴米油盐会让两个人产生更多争吵，好像爱情没了一样。

实际上，婚姻要比恋爱的捆绑性更强。谈恋爱的时候，你会感觉到自己的安全感被满足了："他好优秀，他好厉害，他能保护我、照顾我，他对我温柔，对我好。我觉得，有了他，生活就有了支撑。"恋爱的美好就在于，觉得有了对方，特别有安全感。

婚姻给了这个保障一个认证。此时，两个人的安全感都被满足了，在婚姻里会安心下来，不再觉得孤单或恐惧，感觉更安全的那个人就会有自由的需求。这种需求就是："你能不能不要老管我！我也是需要空间的，也是需要社交的。我需要根据自己的感觉去做我喜欢的事。"这时候，自由匮乏的逻辑就是："如果你管我，我就必须听你的，不能去做这些、做那些。"

"你能不能配合我带娃？我需要你这么做，不要你那么做，你要听我的，按我认为正确的去做！你做了这些，我就有时间去做我想做的事，获得自由了。你陪我去做我想做的事，我也就获得自由了。"这时候，自由匮乏的逻辑就是："如果你不配合我带娃，我就必须自己带娃。"

无论你是在要求对方不要管你，还是在要求对方配合你做某事，都是希望对方能成全你追随自己感觉的自由。

所以，当你和伴侣吵架时，除了看到你们的差异，感觉到绝望外，你还能看到你们已经拥有的部分：此刻，在关系里，你已经很有安全感了。

这种安全感也许是对方给你的，让你相信他不会离开你；也许是自己给自己的，你知道即使一个人也可以很好地活下去。

因此，恋爱中安全感被满足时是甜蜜的，婚后自由被剥夺后是充满争吵的。

发脾气时的自由

有很多人会责备自己的情绪，觉得发火是件不好的事情。

实际上，一个人敢于愤怒，这是一种情绪自由的表现。愤怒的作用是什么呢？愤怒就是一个人在维护自己的界限，争取自己的利益，解放自己的双手。愤怒是在说："我想跟着自己的感觉走，让内心获得真正的自由。"

自由是安全感得到满足后才有的追求。一个人首先得相信关系对他来说是安全的，他才敢自由地表达情绪。有很多人因为自己控制不住情绪而懊恼不已，实际上，这并非控制不住情绪，而是在安全感建立后，一旦开始追求自由的感觉，就没那么想去控制自己的情绪而已。

假设剥夺你的安全感，比如，你发脾气的时候，突然开始地震，或者突然有人用枪指着你，你还能控制不住你的情绪吗？或者你知道自己一发脾气，你爱的人就会永远离开你，你还会控制不住情绪吗？就像你在上小学的时候，和另外一个小朋友吵架，越吵越激动，这时候，班主任突然进来了，你们两个就可以瞬间变得非常安静，情绪就可以在刹那间被终止。

有的妈妈会对孩子发火，那一刻，她相信孩子可以承受住自己的情绪。有的老板会对员工发火，那一刻，他相信员工不会离开，或相信自己可以招到同等优秀的人。虽然不知道这些自信是哪里来的——一般都是从经验里来的——但他们的确是先有了这种自信，才有了发火的勇气。

发火是一种勇气，相信不会失去或不怕失去的勇气。

所以，当你控制不住自己情绪的时候，你可以看到自己已经拥有的部分："此刻，我有安全感了。此刻，我想去追求一点自由。"

不要觉得自己失控了很不好，多数失控都可以归结为你不那么想控制。而那正是你对于自由的渴望化作的一道光。

然而，有的人发完火后会自责，觉得不应该这样。此刻他们又不自由了，他们的逻辑就是："如果我发火，就代表了我脾气不好，我就必须改。"

因为发火这件事又一次激发了他们的不安全感，让他们觉得发火会带来这些或那些后果，使用的逻辑就是："如果我发火，就会……"

纠结即自由

有的人总是很洒脱，当他不喜欢某个工作时，就开始思考辞职，换份工作。

我觉得，人有思考变动的心是件好事，变动就意味着更多可能，人生也会更加丰富。当一个人在纠结要不要辞职的时候，说明这时候的他已经有了"我一定能去寻找工作""我之后一定能赚到钱"的安全感，他才会开始思考去寻找一份他真正想干、让他感觉到更自由的工作。

即使没有"一定能"，他们也在某个层面觉得自己可以了。对于那些在工作中没有安全感的人，他们根本就不会想去寻找自由，因为他们没有这个勇气。甚至有的人在安全感没被满足的工作中，连请假的勇气都没有，生怕一请假工作就会丢失。

那些上有老人要照顾、下有小孩要扶养的中年人，背负着车贷、房贷，被生活的压力压得喘不过气，一份稳定的工作对他们来说是相当重要的。他们在工作中相对就会更缺乏安全感，也就会丧失很多行动的自由：在工作中受了委屈，往往会为了维护工作的稳定而选择忍耐，节假日也不敢出远门旅游。烦琐的事务和金钱的匮乏感都会限制住他们的自由。

所以，当你开始纠结要不要换工作的时候，你的内心已经获得了一大部分安全感，来支撑你去追求自由的那个部分。

所有的纠结都是如此：有了选项，才有了纠结。而有两个以上选项可以被你选择，不正是因为你获得了自由选择人生的权利吗？

情绪是自由的推动力

真正的不自由是不会感受到内心的冲突的。这么说不代表他没有内在冲突，而是他的冲突都在潜意识层面，不会被发现。他会坚定地做他认为应该做的事，连委屈都不会感觉到，更不会有纠结。

有的人超我太严重，身体根本跟不上理性的要求，最终宁愿选择自杀，也不愿意放弃超我的要求。有的人抑郁、绝望到自杀，是因为他们做不到"应该"的样子，却依然不愿意放弃这个标准。

当一个人开始用无意识的方式反抗超我的时候，他就已经开始了寻找自由之路。当一个人内心感受到自己有冲突的时候，这说明他已经有了一定的安全感。自由的种子已经开始萌芽，只不过他不太确定。

这时候，情绪就会给他们一个推动力。情绪是突破理性的一个工具。你的内心有一些让你愉悦的冲动无法表达，你的理性告诉你那是不对的、不可以的。这时候，你的情绪就会给你力量，帮你表达。就像是你要挖一座山、刨一片地，可是你娇嫩的双手和明智的大脑不支持你徒手干，那怎么办呢？

使用工具啊。有了工具，你就可以提升自己的行动力。有了情绪，你就可以推进自己的愿望。所以，当你有了失控感，开始自责、愤怒、纠结的时候，你可以先给自己一个肯定："我的安全感已经部分被满足了，我想追求一点自由。"

那么，这就是一个机会：你发现了自己渴望自由。那，你愿意给自己更多的自由吗？

健康的自由感

自由感过度

孩子要管吗？这是很多妈妈都会疑惑的一个问题。到底应该怎么管？管到什么程度？如果不管，他没能好好成长，怎么办？如果管，管出阴影了，怎么办？

"我可以任性吗？可以任性到什么程度才不算自私？任性到什么程度是合适的？"在关系中，很多人也会有这样的疑惑。

在孩子的成长过程中，教育是必需的，也必然会剥夺他一部分的自由。如果孩子自由度太高了，他就会把婴儿时期原始的全能自恋给保留下来，变得太以自我为中心，这样很容易失去关系，也容易犯错误，导致被惩罚。

太任性的人，自由感太强，就会变得很难适应这个社会，终究也会被社会所伤害。

比如说，当你和朋友一起聚餐，每次你都不想买单，你特别能遵从内心的感受，每次都理所当然地要求朋友买单，那么你很有可能会给朋友留下一种小气、自私的印象。如果这种事件多次发生，就会导致你失去一部分关系。当你在工作中感到不顺心，就甩手不做工作，或者推给别人做，或者潦草地完成，对结果也不负责任，那么久而久之，你势必会让领导感到不满意，而且还有失去工作的风险。如果做每份工作都这样，那么你就很难在职场上收获好成绩。

一个人被社会化的过程，就是不得不接受这个世界上有很多必须遵守的规则的过程。遵守你不想遵守的那些规则，就会丧失一部分自由，这是一件很无奈的事，又是一件必需的事。

自由感不足

如果一个人感到自由度过低，就会变得疲惫、压抑、麻木，失去创造力，活在纠结和痛苦中。有的人表现得规则性特别强，实际上是因为小时候被惩罚的经验过多，他早已经习惯按照规则去生活。

比如说，当你和朋友一起去聚餐，你每次都抢着买单，觉得自己就应该为朋友买单。如果你非常有钱，而且非常喜欢请客，那么也没什么，这就会变成你的一种娱乐项目，是一件让自己开心的事。可是，你并不是太有钱，但又觉得与朋友相处就不应该在乎钱，必须大方，必须给朋友制造好印象。那么，这种认知就会变成一种强迫，时间久了，你心中就会积累不满，你与朋友的关系反而会变成对自己的消耗。当你在工作中感到不顺心、不如意时，你对这些感受置之不理，觉得工作就是应该受苦受累、忍辱负重，遭到不公平待遇也不敢发声，为了讨好领导，就极力地往自己身上揽任务和责任。那么，你的工作势必会让你感到疲惫和压抑，长期下来，这种付出感会让你愤怒，甚至会损伤你的身心。一旦爆发，还有可能会损坏你长久经营的利益。

内心自由感太强，会破坏社会规则；内心自由感太弱，则会过得比较累。

健康的自由感

可见，自由度太高和太低都不太好，都会有麻烦产生。而一种健康的自由感则是，在社会允许的范围内最大化地做自己，在丧失关系和利益与自己的愉悦享受之间找到一种能接受的平衡。

孔子对此的描述就是："随心所欲，不逾矩。"也就是随心所欲地做自己，但不会逾越规矩。

重点其实是"规矩"二字，你需要具备一些现实检验能力，去判断规矩到底在哪里。比如说上班迟到，你需要真实地检验，领导和公司能允许的迟到范围在哪儿，而不是一味地认为迟到零容忍。比如说人际关系，你需要检验对方的界限在哪里，而不是一味地认为对方很苛刻。

获得内心自由的方法

爱自己的方式之一就是多给自己一些轻松自由。长期生活在自我强迫中，人就会变得压抑、麻木、失去活力。可是，生命本来是用来绽放的，不是用来耗竭的。当你的生活有了枯萎的迹象，你要及时做出调整，让自己活得舒服。多给自己一些自由，就是一种特别有效的方式。

给自己解锁，寻找更多可能性

打破"必须"的方式就是找到更多可能性，去发现可以怎样，还可以怎样。

一位同学的困惑是："我在领导面前感觉特别不自由，哪怕是在电梯里遇到，我也会感觉很拘谨、很害怕。怎么才能做到和领导融洽地相处呢？"

见到领导就害怕，是因为这位同学想要在领导面前表现得好一些，给领导留下好印象，好让领导喜欢自己。如果他没有这个需求，那么他就没必要在乎在领导面前的形象了，他就自由了。

他之所以不自由，是因为他的大脑中装着一个"如果 A，则必须 B"的限制性逻辑："在领导面前，我必须表现好。"

那我们就来思考一下，在领导面前，除了要表现好，还可以有哪些表现呢？

"我可以让领导发现我的不好。"

"我可以让领导发现他的不好。"

"我可以让领导知道别人的不好。"

"我可以关心领导的生活。"

"我可以聊一点公司的日常八卦。"

"我可以谈谈我最近的困惑。"

"我可以问问领导吃饭了吗，吃的什么。"

"我可以把工作以外的领导当朋友。"

"我可以给他讲一个笑话。"

"我可以给他背诵一首唐诗。"

"我可以什么都不说。"

……

你可以思考一下，大开脑洞的那种。当在电梯里遇到领导，有哪些可能性呢？有哪些是必须做的，哪些又是绝对不能做的呢？为什么必须呢？必须的程度是多少呢？

在电梯里遇到领导，看起来是件小事，但如果你把这件小事写下来，当作一个自由度的练习，你的思维禁锢就会被慢慢打开。其实人生有很多可能性，只不过你习惯地认为就应该这样、那样，从未想过其实你可以不这样、不那样。

再举个例子，你的伴侣不开心了，你觉得很压抑。这时候，你有个"如果对方不开心，我就要对他的不开心负责"的逻辑。你可以思考一下：当你的伴侣不开心了，你可以做的有哪些呢？试着写下十种。

当然，在这个过程中，最重要的其实是意识到你在执行"如果 A，则必须 B"的逻辑，而意识到的方式就是从你不舒服的感受里去发现，因为每个负面情绪里都有多个"必须"。

识别想法，懂得坚持

要想获得自由，就要发展出坚持自己的能力，摆脱规则的束缚，让自己成为自己生命的主人。

首先，你需要识别并能够坚持自己的想法。

你需要去感受自己的内心，感受自己的感受，跟自己的内在做连接。你的内心会告诉你，你想做什么、不想做什么。你的感觉会告诉你，哪些是你真正想要的，哪些是你不想要的。你的心是知道答案的。

可是，当一个人与自己的内在失联太久，就不太容易捕捉到自己的感受了。那么，还有一个判断标准：此刻正在做的事，你是想继续呢，还是想停止？你是舒服的，还是不舒服的？

这个声音可能很微弱，因为你习惯了忽视自己的声音。但是，只要去听，你肯定能听到。听到后，要注重自己的想法，不要让它溜走。去体会自己的感受，感受自己的感受，给自己的感受一个存在的空间，告诉自己："我的感受是真实的，我的感受很重要，我值得为我的感受花费精力。"

比如说，你原计划下班早点回家看比赛直播，你的同事邀请你参加小组聚餐。你听到这个邀请之后的第一个反应是"不想去"，但是这个感受瞬间就被你大脑中的想法给淹没了："不能不合群。"所以你就想："确实不应该特立独行。与大家在私下多一些互动也挺好的，毕竟在和谐的办公气氛中工作也是自己想要的，所以我应该去，我也愿意去。"可是，当你聚餐的时候，你心里总挂念着比赛：比赛开始了；比赛进行到哪个阶段了；没能看到直播真是太遗憾了；……这时候的你已经失去自由了。

你要做的就是，当这类事件再次发生时，当你内心有一个"我不想"的念头滑过时，不要让它溜走。把这个想法当一回事，多给它几分重视，去掂量一下自己不想去的念头有多强烈，以及你认为必须去的聚餐有多重要，然后再做决定。给自己的感受一个露面的机会，把自己的感受放在与规则同等重要的位置上，这就是给了自己公平，就是在为自己负责。

学会拒绝

坚持自己的想法有时候代表着拒绝，当自己的想法与他人的要求是对立的、不一致的时候，想要坚持自己的想法，就要拒绝他人的要求。自己想做的事坚持去做，不管别人怎么说；不想做的事可以不去做，也不管别人怎么说。学会拒绝是人获得自由的一个很重要的途径。

有人说："工作上有很多事情是必须做的，根本拒绝不了。"其实，根本没有拒绝不了的事情，只有承担不起的代价。比如说，你不喜欢你接到的任务，领导让你必须做，你表达了不满，还是没有得到解决，那么你可以提出调岗，提出离职，这些都是你在坚持自己的表现，只是看你愿不愿意而已。所以，还有你拒绝不了的工作吗？没有。如果你觉得拒绝不了，那是因为这样做会干扰到你的安全感，你害怕承担拒绝的后果，你的安全感受到了威胁。那么，这时候，你就要回到安全感上来解决你的问题了。

你完全可以为了安全感而继续做这个工作，但你要知道的是，这一刻是你选择了留下，而非不得不做。

比如说，有一位妈妈抱怨道："孩子总是玩手机，我就得管教他。但是，总是为他的贪玩操心会影响到我自己的时间，让我感到自己很不自由。"

这时候，你除了照常去执行"我必须管他"的规则之外，还可以选择尊重自己的感受："此刻，我不想管孩子。"那就任由孩子玩吧，你可以重视并坚持自己的感受，去做自己的事情。当然，你还可以直接选择让孩子玩手机，你甚至可以把手机一把抢过来，强行制止，义正词严地禁止他玩。可是，你又会觉得这样做很难，因为你的安全感与之相连：你觉得，如果你不管孩子，孩子的视力就会受到损害；如果你强行禁止他玩手机，你就会给孩子带来伤害。这种联想会引发你巨大的不安全感，从而阻碍你获得自由。那么，这时候，你就要回到安全感层面去检验一下："这是真的吗？真的会这么发生吗？只要我这样做一次，糟糕的后果就一定会发生吗？"

找到选择的理由，并为选择负责

拒绝和坚持对有的人来说依然很困难，有些事情看起来也的确是不得不为之的。不过，这也没关系，我们还有第二个终极方法来获得自由：找出你这么做的原因，把自我强迫变成主动选择。

在自我强迫里的逻辑是："如果发生 A，我就必须 B。"

你可以调整为："如果发生 A，我为了得到 C，所以选择了 B。"

前者是被强迫的逻辑，是不能为自己负责的表现；而后者则体现了一个人的能动性，是为自己负责的表现。

比如说，你为什么不义正词严地禁止孩子玩手机呢？找出你选择如此的原因："我是为了不伤害孩子的感受。""我是为了维持自己是一个好妈妈的形象。"所以，你选择了不用发火的方式去管教他。

比如说，你为什么非要做那么多家务呢？是为了这个家吗？这个家需要这么整洁吗？你会发现，你是为了自己内心的秩序感，才把家里打扫得非常干净。所以，你可以把你的想法变成"我为了维护自己内心的秩序感，选择了强迫自己做家务"。这时候，你会有什么不同的体验呢？

这个世界上从来没有绝对的强迫，只有为了某个更想要的东西而选择了主动妥协。我们经常有不能都得到的东西，所以才有了"鱼，我所欲也；熊掌，亦我所欲也。二者不可得兼，舍鱼而取熊掌者也""世间安得双全法，不负如来不负卿"的名句。

当你放弃当下的愉悦，其实是为了得到更想要的东西、在未来更能让你愉悦的东西，这只是你自己做出的选择，而非必需。

当你捋顺了这个逻辑，你就是轻松的。当你是自愿、不纠结的，你就不是自我消耗的，就是自由的。

原生家庭及育儿中的自由感

一个人为什么要去强迫自己呢？因为他太理性了。那么，人的理性为什么会这么强大呢？其实还是因为害怕，因为害怕而去寻求安全感，为了寻求安全感而去认同或发展出很多限制性的规则，就会让人变得越来越理性。而这种害怕的感觉大多来自自己成长的经验，特别是在原生家庭里成长过程中的经验。

自由感形成的关键期

婴儿从一岁半开始，自我就有较为清晰的认知了。他想要自己决定自己，比如，他想自己控制自己的大小便，他想要从选择什么时候大小便和在什么地方大小便中来掌握自主的快感，他为能灵活地控制自己的行为而感到骄傲。然而，孩子的父母却不会去理解这种愉悦感，反而会给予他一些限定：你应当去哪儿大小便，你应当在何时大小便。婴儿没办法，只能开始慢慢地被迫接受大人的规则：大小便只能去卫生间，而且睡觉前必须去一趟卫生间。

这个过程被弗洛伊德称为肛欲期，对大小便的控制是婴儿自主体验的重要来源。然而，自主体验的被剥夺不仅来自父母对大小便的控制，更是源自父母通过嘴、手、思想、语言、情绪等多方面的控制："东西应该放在哪里，不应该放在哪里，如果不按规则摆放，就会受到惩罚。""脚应该放地上，不应该放沙发上，不按规则放置也会受到惩罚。""话应该这么说，不应该那样说，说了不应该说的话还要受到惩罚。""情绪应该怎么表达，不该怎么表达，随意生气、随意哭泣都会受到惩罚。"即使没有受到惩罚，也不能随意地表达情绪。比如，有的父母看到孩子哭了，为了让他不哭，就会去转移他的注意力，让他玩玩具，或者给他拍照片，让他看看自己哭的样子有多丑，来强迫孩子停止哭泣。

长大一些后，父母的这种无处不在的控制并不会减少。有些父母从来不会问你在想什么、你真正想做什么，他们只会告诉你应该做什么。他们不会问你想不想学习，他们也不会问你想怎么学，他们只会告诉你应该这样学、应该那样学。他们不会问你想不想听话，他们只会告诉你应该听话。他们还会告诉你，应该懂礼貌，应该照顾别人的感受，应该上进，应该优秀，将来应该有出息、赚大钱。

单向输出的教育

很多父母的教育方式都是单向输出的，他们只喜欢输出他们自己的规则，不喜欢倾听你的想法。他们听不见你真实的需求，更不会主动去发现和满足你的需求。在父母的眼里，你怎么想的并不重要，重要的是你应该怎么做。然后，在父母潜移默化的影响下，你慢慢习得了这个模式，你就与父母做了一模一样的事，也不再关心自己是怎么想的，只关心自己应该怎么做。比如说，应不应该照顾别人的感受呢？你不会去问自己想不想照顾别人的感受，你只会告诉自己："我应该照顾别人的感受。"至于你自己想不想，已经不重要了。

我们小时候是怎么被教育的，长大后就会变成什么样子。弱小的你只能选择听从父母的说教，不听话就会给自己带来不好的结果。你害怕惩罚，害怕失去生存资源，父母的要求就会像圣旨一样重要，你会强迫自己去满足父母。有的父母会直接提要求，不符合要求还会打骂孩子。有些父母的要求甚至会变来变去。这时候，小孩子为了求得安全感，就不得不自己摸索出一个规律来满足父母，也不得不要求自我去遵循这个规律，从而获得最大化的安全感。

一位同学说道："在我的童年记忆中，我感觉家里并没有什么温暖可言，有的全是大声的指责和无尽的抱怨。我生怕自己一个不小心就会出错，就会挨打挨骂。我每天都活在提心吊胆里，没有人关注我心里的想法，我也不能违背父母的意愿。即使我认为他们是错的，也要听他们的。记得有一次，爸爸叮嘱我，在放学回家的路上不要看葬礼的热闹。实际上，我没有看，可是妈妈不相信我，还是把我打了一顿。"我们可以想象一下，在这样的家庭中长大的孩子，心中会积累多少恐惧，会多么害怕自己出错。他长大后就会形成这也不能轻易做、那也不敢轻易做的人生模式。

还有一位同学说："爸爸很严厉，从小就要求我和弟弟听话，我俩不听话就要挨打。弟弟做错了事，爸爸也会责怪我没有管好弟弟，所以我也要一起被打。他还会让我们跪在地上，用竹条在屁股上打出血印子。爸爸打我们时，妈妈也很害怕，从来不敢发出声音替我们说话，她会当作没看见这一切。"可想而知，在这样的家庭中，一个弱小的孩子要怎样做才能安身立命呢？只有生成"看别人的脸色""照顾好别人的错误"等规则，才能保证自己可以活下来。

小的时候，一个人如果体验到太多生存上的艰难、太多被惩罚的恐惧，那么他心中就种下了"害怕"的种子。这种害怕的感觉会让他丧失安全感。人在担惊受怕中是顾不上自己自由还是不自由的。

情绪化的教育

其实，父母除了会有意识地惩罚孩子，还会无意识地传达出一些恐惧来影响孩子。比如说，父母总是哀怨："没钱的日子真是难受，没钱就会被人看不起，将来你一定要变得有钱，有了钱才能抬起头做人。"在父母这种潜移默化的说教下，长大后的你为了抬起头做人，只好依靠疯狂的努力来赚钱了。

有的父母的无意识抱怨也会影响到孩子："你怎么总是不长眼色，不懂得体谅大人的辛苦？在家待着什么都不做，这么懒怎么能行呢？"孩子会因为父母的抱怨而心生焦虑，就会慢慢变成善于察言观色、善于照顾别人感受的人。实际上，你想做这些事吗？并不是因为你想做这些，而是因为你根本没有选择。也许你并不想努力，你并不想去考虑别人的感受。但是你感觉到，好像不这么做就是不行的。在你现实生活的体验中，不这样做，你就会失去在这个家中的归属感。

规则之所以能够植入你的大脑，是因为有恐惧作为土壤。那是父母给你的恐惧，是你不得不妥协的部分。

父母为什么要用强迫的方式去虐待孩子呢？

大多数父母都不会刻意虐待孩子，但他们的行为的确构成了虐待。他们之所以这么做，不是因为他们不爱孩子，而是因为这些父母早已习惯了自我虐待。这是他们学会的唯一的生活方式，也必然会用这种方式来教育自己的孩子。

Chapter 04

价值感

价值感是什么

价值感是对自己的信任

价值感是自由的结果。

一个人在想自己能不能做好的时候，其实已经预设了一个前提："我是可以做这件事的。"而自由是安全感的结果，所以价值感就是"我是可以做这件事的，做这件事是安全的"。

价值感是对自己的一种信任，就是相信自己能够做好，相信自己有这个能力，相信自己是可以的。

比如说，你想吃一块很硬的饼干或一顿很辣的火锅。想吃什么是你的自由，但也需要你对自己的牙齿和肠胃有信心。当你相信自己咬得动饼干且能够消化得很好，你相信自己的肠胃可以承受辛辣火锅的刺激时，你就会很坦然地去吃你想吃的了。可如果你已经上了年纪，牙齿已经松动得咬不动硬的食物了，或者你的肠胃特脆弱，不能吃一点点辣，你就不会选择让肠胃消受不了的食物，来让自己受罪。

比如说，你白天乘坐地铁去上班，是因为你相信自己已经掌握了乘坐地铁的技能，并且相信自己能顺利到达公司。这时候，你在这方面就是有价值感的。有时候，你会卡着时间点来到公司，这更是你信任自己乘坐地铁技能的结果。

坐火车也是一样的。有时候，你很赶时间，看起来很焦虑，觉得很有可能会赶不上火车。但你拖延到最后一刻才出门，还继续往火车站赶。在那一刻，你的内心相信自己以最快的速度是极有可能赶上的。假如你的腿脚不灵活，你知道自己根本走不快，无法抢出更多时间，你是不会去往火车站的，你会放弃赶火车的念头。

比如说，你在一家公司任职，虽然有时候工作对你来说的确很辛苦，但是你选择继续奋斗，因为你相信自己能够在这里赚到钱，并且相信自己可以胜任这份工作。虽然有时候你也会怀疑自己，但整体来说你是相信自己的。假如你根本就不信任自己可以在这里赚到钱，你根本就不相信自己的工作能力，那么你是不会选择继续这份工作的。

同样，你选择留在一段关系中，也是因为你相信自己是被喜欢和接纳的。你经常对妈妈表现出不耐烦，指责妈妈的唠叨，还与妈妈拉开物理距离，也不时常联系，那是因为你相信你们之间关系的稳定性，相信她不会轻易地抛弃你，与你断绝关系。

在伴侣关系中，或许你有些担心自己配不上另一半，觉得他太过优秀，他的光芒甚至让你感觉有些卑微。但你的心里依然相信自己是可以吸引他的，你才会选择留在这段关系里。假如你对自己没有这样的信心，你觉得自己根本就不配有伴侣，那么你压根儿就不会成为他的另一半。

你在维持一件事情，或开始一件事情时，那一刻，你一定是对这件事充满着价值感的。即使你在怀疑自己能不能做好，你在纠结、犹豫，说明你也有一定的价值感，它才能支撑你犹豫。

价值感就是做事的动力。

一个人的价值感越多，他可以尝试的事就越多，人生也就越精彩。反之，一个人不相信自己的地方越多，他就会越来越觉得自己无能，什么都不会去尝试，人生也就越来越暗淡。

被忽视的价值

我们体验不到价值感，并不影响我们大多数时候都是充满价值的。

我们每天都会做无数件事，都是因为相信自己能做到、能做好才去做的。早起洗漱时，你相信自己有刷牙的能力；做早餐时，你相信自己有使用厨具的能力；开车去公司时，你相信自己有驾车的能力；在公司开会时，你相信自己的交谈能力；回家后和孩子在一起时，你相信自己有照顾幼小的能力；等等。这些无时无刻不在发生的事情，都是因为你相信自己能够做到才会执行的。

但很多人意识不到自己的价值感。很多人觉得自己的价值感很低，或者觉得自己没有价值，特别无能，什么事都做不好，经常有"我一无所有""我一事无成"的虚无感。这样的人会忽略自己的价值。他们会有一个习惯：可以做到的事，尤其是可以轻易做到的事，会自动把它变成日常，并丧失兴趣，转而将目光投向自己无法轻易完成的事。

观察小孩子时你就会发现，他在刚学习走路的时候是无比兴奋的。那时候，他解锁了新技能，体验到的价值感爆棚。但随着他长大，这个技能已经被无视，人再也不会因为自己会走路而感到骄傲了。

年轻人在尝试买房的时候，交了首付的那一刻是兴奋的，感觉自己在这座城市安了个家。但随着人到中年，财务有了一些自由后，他对于是否有能力买房已经无感了，会转而投向自己无法完成或艰难完成的事。

从某种程度上来说，人喜欢自虐，总是喜欢做那些有难度的事，来一次次体验挑战成功的喜悦或挑战失败的绝望，这里面才有着某种特别刺激的存在感。从另一个层面来说，这也是人的本能：总想体验更多的事，解锁更多的技能，拥有更大的疆土。

这样的人在潜意识中的逻辑就是：

"凡是我有的，都是无所谓的；凡是我没有的，都是好的。凡是我会的，都是不重要的；凡是我不会的，都是重要的。"

在这个逻辑的加持下，一个人就会觉得自己哪里都不好，看不到自己的价值，就算取得成功也体验不到价值感。

虚假的价值感

有的人忽视自己的价值，有的人拼命标榜自己的价值。有的人总觉得因外在的优秀、做好事情、别人的称赞体验到的价值感是一种虚假的价值感，他们总觉得："如果我有房，我就是好的了；如果我有才华，我会很好。"

他的内在逻辑是：价值 = 本质 + 外在。如果外在好了，一个人才能体验到价值，这说明他的本质不怎么样。这时候他的本质还是在践行"我的本质是不好的"这句话。这只是一个人在体验不到自我价值的时候，不得不用华丽的外表来包装自己的策略。

因为一个人的内在并没有改变，所以，即使他外在拥有很多，他也不敢确认自己的价值。他同时会去怀疑："别人喜欢的是我呢，还是我的好呢？我只有这些表现出来的好，那一旦没了呢？"人的潜意识依然会保留这些恐惧。

所以你越是通过努力改变自己，想要让自己变得有价值感，你越是在强化内心的恐惧，越是觉得：如果我没有××，我就是不好的了。

真正的价值感

而真正的价值感就是体验到"我的本质是好的"，不以外在拥有、事情怎样、他人的评价为转移。真正的价值感是恒定的，而虚假的价值感特别容易破碎，稍有风吹草动，立刻消失。就像是贵族这一存在一样，有钱不会成为贵族，真正的贵族是落魄时依然能保持的体面和修养。

真正有价值感的人不会因为别人说自己不好就受到冲击。别人的语言暴力属于别人，并不能影响到他。他与别人有着明确的分别，别人并不能改变他很好的本质，他好不好，也不由别人来定义。

他人可以说他长得不好看，可以说他做错了，可以说他笨，这只是他人表达的权利，他不必矫正别人，因为那只是别人的观点。如果他不想别人误会他，那么他可以解释。如果他觉得没有必要解释，那么他可以选择不解释。但别人如何评价他，并不能改变他很好的本质，也不会对他造成什么伤害和影响。同时，即使别人说他很好，他也不会盲目开心。他认为别人说的是对的，他就会同意，并去感受被人夸奖的开心；他觉得别人说的是不对的，他也不会盲目生气，因为他对自己有着很清晰的认知。

真正有价值感的人不会因为事情的失败或成功而转移自己的价值。他能做到"不以物喜，不以己悲"。他知道外在事情会有变化，知道事情做得好与不好是常态，他不会因此去扰乱自己好与不好的自我评价。

也许他搞砸了一桩生意，也许他犯了个错误，但他知道问题出在哪里，知道下次怎么应对更好。他知道失败是人生常态，无关于他好不好。即使他知道他做不好，他也知道了他的能力范围在哪里，知道下次要做到什么程度。

真正的价值感并不是盲目隔离他人的评价，并不是忽视现实给出的反馈，而是能根据外在输入的信息形成自己的判断与认识。他会根据外在的结果调整自己，而非盲目认同。

没价值感，就是有价值

真正感觉到没有价值的事，人是不会去想的。比如说，登陆火星。我们普通人很清楚自己在这方面的价值不足，也就很自然地不会产生相应的价值感。但美国的马斯克就不一样，马斯克是私人航空火箭第一人，想在 2024 年把人类移到火星上去，并在 2050 年在火星上建立一座城，他在这方面就有价值感。

让人痛苦的不是没价值，而是不喜欢自己没价值。就是感觉自己在这方面有点儿希望，踮踮脚能够着，但又不太确定，这时候才会有痛苦。在这个世界上，比没有希望更痛苦的事就是只有一点希望。

你感觉你没价值，但你又不甘心。那么不甘心，不正是你价值的体现吗？

所以，当你感觉自己没价值的时候，你会自责、绝望、抑郁。其实，当你感觉到自己价值感很低时，恰好是你可以欣赏自己的时候。因为你已经有了很多基础能力，来维持你现在的生活。你正在尝试一个对你来说更新的领域，而这个领域有一些挑战，有一些未知。你不确定自己是否能行，你看到了很多人行，你忘记了很多人比你更不行。就算你想通过他人寻求点儿确定感也很难，你只好自己摸索着尝试。

你已经有了很多行的地方，你在尝试对自己来说更新、更有难度的事，这不恰好说明你是有价值的吗？

常见的几种价值感缺失

他说我不好，就是我不好

有很多人对被指责和被否定很反感，特别讨厌别人指责和否定他。每次受到指责和批评时，他就会很烦恼、很痛苦。

可是，指责和否定这一行为发生在对方身上，为什么听的人会产生强烈的反应呢？

我在"安全感"一章中讲过，这种原因之一就是，这威胁到了自己的安全，听的人觉得自己可能会面临惩罚。还有一种可能就是，有的人在被别人指责、被否定的时候，会体验到一种很不好、很糟糕的感觉，这让他非常排斥指责和否定。如果仔细体会一下，就会发现这种感觉在说："他说我不好，我就感到自己真的不好。他说我不好，就是我不好。"

这句话的关键其实并不在于对方对你说了什么，而是在于你认同了对方的话，把对方的话不假思索地全盘接受了。或者说，对方说的话击中了你内心深处的怀疑，让你被迫把不好的地方暴露出来了。

一位同学这样说道："我假期带着孩子和老公一起出去玩，结果晚上住宿的时候发现没有酒店可以住了。老公便开始指责我考虑不周，责问我为什么不提前订好酒店。我听到他的指责，很生气，便开始反驳，于是就和他吵了起来。"我邀请这位同学仔细感受一下生气背后的原因是什么，她回答道："如果老公指责我，不认同我的做法，我就会觉得是自己没有做好，自己很差劲。"

这位同学之所以会着急地反驳老公，是希望向老公证明她并没有老公说的那样差。那她为什么要向老公证明自己是好的呢？她知道自己很好不就行了，为什么非要让老公知道呢？

因为她无法独自确认自己是好的，所以对于自我的评价就轻易地被老公的评价所击破了。她需要经由老公的同意，才能感觉到自己是好的。她也完全同意了老公：作为妻子，就是应该考虑周全，让家人满意。当老公不满意的时候，她就觉得是自己很差劲。

这种感觉就是："你说我差，我就是差的。只有你同意了我是好的，我才能是好的。我不想感受到自己是差的，所以你必须同意我是好的。我要通过跟你吵架、要你闭嘴、反驳你等手段，来让你同意我是好的。"

此刻的她就像是一个没有能力为自己买玩具的小孩子，当她想要玩具而妈妈不给她买时，她就开始各种哭闹、撒娇、生气，来让妈妈同意给她买。

所以，其实并不是老公的否定让她丧失了价值感，而是她内在"他说我不好，就是我不好"的想法让她丧失了价值感。

"他说我不好，就是我不好"这句话有一个前提：就是我认为他是在说我不好。这句话中有两个重点：这个是我认为的；他是在说我不好。如果我并不认为他在说我不好，而是把对方的指责当成一种赞美，就不会产生价值感低的感受了。

比如说，你是一位爱美的女士，当对方说"你怎么瘦得跟一张纸片一样，都快被风吹走了"，你会是什么样的心情呢？如果你一直在追求苗条，认为瘦就代表着美，那么你就不会认为对方在说你不好，你就不会伤心、难过，反而还会有点沾沾自喜。但如果你是一位男士，你体验到的就未必是开心了。你也许会觉得这句话是在说你不够健硕、缺乏男人味，是在说你不够好。一旦你认同对方在说你不好，并且认为"他说我不好，就是我不好"，那么你就会体验到不舒服。

有的人会夸女孩子"你好可爱"，听到的女孩子可能会觉得"你在说我丑"，理由就是，人面对漂亮的女孩子都会直接夸她漂亮，不漂亮的才会被说可爱。

所以，对方是否真的在批评你并不重要，重要的是你怎么认为。价值感的丧失其实有两步：第一步，"我认为他这是在说我不好"；第二步，"他能决定我，他说我不好，我就是不好"。

有的人觉得："第一步是对的呀，他就是在说我不好。"这只是你的心理现实，你需要核对一下："你是在说我不好吗？"对方很可能会给你一个回应："我只是想跟你说这件事，无关你好不好。"

奇怪的是，对于缺乏价值感的人来说，这个逻辑反过来却很难成立："他说我好，就是我很好。"你可以去回想一下，当别人夸你的时候，你的反应会是什么呢？你也许会本能地马上回应："哪里哪里，客气了客气了。"你可能会觉得他是在讲客套话，因为你并不相信他说这些话就可以证明你是真的好。

比如说，当他人对你说："你好漂亮啊！你的气质真特别，你是我见过的最有个性的女孩！"你的第一反应会是什么呢？你可能会马上回应："啊，谢谢谢谢，没有啦，没有啦。"在那一刻，你真的只是为了让自己表现得谦虚一些吗？其实，当你仔细体会自己受到表扬的那一刻时，你会发现，你的感觉是有些不耐受的，你认为自己并没有他说的那样好。好像突然有人给你戴了一顶高帽，让你一时间不知如何是好了。在那一刻，你内在的逻辑就是："他说我好，我并不一定好。"

因此，缺乏价值感的人内在完整的逻辑就是："他说我不好，就是我不好。他说我好，我并不一定好。"

可想而知，如果一个人怀揣着这样的信念，他将收获怎样的体验呢？他会把好的评价和感觉过滤走，只留下不好的评价和感觉。这说明了什么呢？

这只能说明他只对"不好"的感觉感兴趣，他只"喜欢"不好的自己。这也证明了他本来就觉得自己不够好，觉得自己是不好的。只有自己不认可自己，才会在面对别人的指责和批评时立即认同，在别人说自己好的时候却那么犹豫、不确信。因为他心中有个"不好"，他在私下里已经评判过自己无数次了，价值感已经被自己拉低无数次了，所以就更听不得别人的批判了。若别人一评判一个准，他会是什么感觉呢？他就会更加挫败，这是多么绝望啊！

事情没做好，就是我不好

我们每天都要做无数件事。即使你感觉一天都无所事事，从你早上睁眼到晚上闭眼，也会经历无数件事。这就意味着必然会出现做得好的事情，也会出现没做好的事情。事情没做好，本来就是常态，可谓胜败乃兵家常事。但是，你仔细回想：事情做好的时候你的反应和没做好时是一样的吗？

比如说，你今天按时起床了，这是一件做好的事情。你会有开心、愉悦甚至兴奋的感觉吗？你会夸奖自己"我真棒！我今天按时起床了！太棒了！"吗？你并不会。你会觉得，按时起床不是应该的吗？这有什么好高兴的。但是，如果你没有按时起床，影响到你的工作安排了，你便会开始责怪自己："哎呀，怎么又赖床了，真是懒惰！每次都这样慌里慌张的，我真是个不自律的人！"

同样，当你按时到达办公室，你并不会觉得自己做得有多棒。但是，如果你今天迟到了，那么你就开始自责了："真是的，只差了两分钟，我早起两分钟不就好了？我收拾东西快一点儿不就好了？我怎么可以这么拖延呢？我真是太磨蹭了！太不会安排时间了！"

事情做好了，人很少给自己正向的鼓励和反馈，会觉得这都是应该的，仿佛只有做出了大成就才值得庆祝和开心。但是，事情一旦做不好，就会很轻易地引起负面的感受，对自己进行放大化的批判。本来只是一件事没做好而已，却往往会把自己批判成个多么糟糕的人。

这样的人的内在往往有一个逻辑："事情没做好，就是我不好。"

他会把自己的价值感捆绑在事情上，仿佛只有把所有的事情都做对才能证明自己是一个很好的人。但凡事情没做好，他就开始怀疑自己是不是这里有问题、那里有问题。

比如说，有一位同学在课堂上跟不上老师的节奏，听不大懂，很难过，他就开始责怪自己怎么这么笨，理解能力怎么这么差。当他这么想的时候，他就会更难过，整个人被淹没到自责和悲伤中，课就更听不懂了。

其实，上课听不懂就能说明这位同学很笨吗？并不是。也许是这个课本来就很难，并不适合这位同学学习；也可能是老师讲得并不好，不利于这位同学理解。但是，这位同学直接把听不懂等同于自己是笨的："我在听讲课时没有达到预期的效果，所以我就是一个笨的、不好的人。"

还有的人因为不敢做错事情，所以变得小心翼翼或忍辱负重。比如说，在一段已经支离破碎的婚姻中不敢离婚的人，他会把自己的价值感建立在婚姻的完整上，认为一旦离婚，自己就不是一个完美的人了。离婚代表着失败，他不能允许自己失败，因为失败就会把他的价值感全部夺走，所以他不能做不好的事情。那么，这样的人就会成功地被事情所绑架。

事情没做好，只是一个结果，这个结果由众多因素共同构成，有自己不够好的原因，有运气的原因，有任务难度的原因，有他人的原因。一个价值感低的人就只能看到自己的原因。

自己的原因也是多方面的：是自己不够好，是自己没把握好机会，是自己大意了。而价值感低的人只能找到一个原因："我不够好。"

"事情没做好，就是我不好"这样的想法正在剥夺一些人的价值感。同时，这个想法反过来依然不成立："事情做好了，不能说明我很好，只能说明我正常，这件事只是偶然、侥幸。"

不管事情做没做好，最后的结论都成了"我不够好"。

别人不开心，就是我不好

人不开心的原因有很多，你永远不知道对面这个人会因为什么而不开心。不开心作为心情的一种，普遍存在于这个世界。

但不是所有人都能承受别人的不开心。当身边的人抱怨、哭泣、难过、委屈的时候，有的人就会去自动捡起这些不开心，会觉得"别人不开心，就是我不好"。如果是自己导致的别人不开心，那肯定是自己不够好了。如果不是自己导致的别人不开心，而自己没有去安抚好对方的情绪，那也是自己不好，这就是"见不得别人不开心综合征"。

一位同学说："男朋友总是不及时回复我的信息，也很少跟我分享他生活中的感受和事情。有时候见他不高兴，问他怎么了，他也不爱跟我分享。这让我很失落，因为这意味着他不喜欢我，我并没有特别吸引他。一定是因为我不够好，不够有魅力，他才不那么喜欢我。"

这位同学的逻辑就是："男朋友不开心，代表他不喜欢我。他不喜欢我，就是我不好。"

这个同学的推论听起来非常有道理：如果自己变成一个魅力四射、极度优秀、完美的人，好像就可以拯救男朋友的不开心了，男朋友好像就没有理由不喜欢自己了。也许，你变成一个魅力四射的人，的确会让男朋友开心和喜欢。但是他不喜欢现在的你，只能说明你不是他喜欢的类型，但他的品位能说明你不好吗？

有很多人很怕面对冲突，在人群中，永远是那个人畜无害的老好人，见不得别人不开心，仿佛别人一旦不舒服就是自己的责任。

比如说，喜欢讨好的人会特别害怕别人不开心，对他人的情绪特别敏感。好像别人生气了，一定是因为自己哪里做得不好，惹得别人不开心了。

更敏感一点的人则是这样：

"他不理我了，都是因为我不好，就是说明我不好。"

"他想离开我了，还不是因为我不够好。"

"天要下雨了，都是因为我不好。"

"美股跌了，都是因为我不好。"

……

是不是越听越离谱？自我价值感低的人会把他人的情绪与自己好不好做捆绑，会把外在很多东西都跟自己做捆绑，以至于随便发生一件不够好的事，都可以触发"都是自己做得不好、做得很差、自己很差劲"的开关。

听起来，他们的影响力好大呢，好厉害。这又何尝不是一种自恋呢？

别人比我好，就是我不好

当你看到另一个人比你聪明漂亮的时候，你第一反应是怎样的呢？

你是会觉得"她很聪明，也很漂亮，我很欣赏她，很想跟她做朋友。她一定会很欣赏我的才华，我们会很愉快地做朋友的"，还是会觉得"哇，她是如此聪明漂亮，与她相比，我简直土死了。我又没有她漂亮，真是该死"？

无论你多努力，你都不可能是世界第一。你最多能做到某个领域、某些时刻的第一。比如，一个人曾经打羽毛球全球第一，比尔·盖茨曾经赚钱全球第一。但他们也做不到所有时候、所有事情上都是全球第一。

这就意味着，你在某些时候、在某些地方必然比某些人差。

这是件很正常的事实，但有的人就是很难接受。他们一生都在追求优秀，他们的目标就是让自己变得越来越优秀。一旦见到了比自己更优秀的人，他们就会立刻激发自己的自卑情绪。他们会觉得："他比我好，就是我不够好。"

他们特别喜欢跟别人比较。当他们发现自己比别人好的时候，就会自动忽略这些人，转身去对比更好的人。一旦自己被比下去了，就感觉自己是如此的差劲。一旦发现自己在某一方面比别人差，就自动等同于自己很差。

实际上，别人比你好，说明了什么呢？

这说明对方实在是太优秀，说明对方有特长。这能说明很多，但对价值感低的人来说，这只能说明自己很差，完全不会去想别的可能。

价值感低的人缺少全面评估自己的能力。健康的价值感是这样的："虽然你钢琴弹得比我好，篮球打得比我好，但我写字比较好，性格比较好，我依然觉得我跟你一样是好的，大家都可以在一起平等地交往。我的某些地方不如你，但我的整体并不比你差。"

当你秉承着"别人比我好，就是我不好"的想法暗暗与他人比较时，你的生活无疑就会到处碰壁，渐渐被挫败感淹没。总有一天，你要明白，你不是超人，你不是完美的，你有不如他人的地方是必然的。而这个不如别人的地方是作为一个普通人必然存在的，并不能代表你不好、你很差。这种无意义的比较并没有任何益处，更不能帮你提升价值感。

我有某缺点，就是我不好

当你觉得自己不够好的时候，你内心一定先有了一个自己应该成为的样子，那就是你认为自己"正常"的标准。但是，如果你去问一个人：你觉得正常的自己应该是怎样的？他会给你一个令你惊讶的答案。

一位同学说："我觉得自己特别不自信，很怕上台演讲，一上台就紧张，特别害怕讲不好，结果往往确实讲得不好。"我就问他："你觉得怎么样才算讲好了呢？"

他说："我自己的标准是，上台很自信，不紧张，说出来的内容可以让大家眼前一亮，让大家觉得我很优秀、很有想法。"

可想而知，在这个标准之下，他只能觉得自己讲不好了。他心目中有个他应该成为的样子，而现实中他不是这样的，这就说明了他和理想中的自己有差距。

还有很多人觉得自己就应该是第一，所以他们觉得"我不是第一，就是我不好"。每当他们没有争得小圈子里的第一的时候，就会觉得自己糟糕透了。他们说服自己的原因包括："别人都能得第一，我为什么不能？"好像得第一才是正常的事。

每个人都有理想化的自己的样子，这很好。可是，如果你没有成为理想中的样子，就说明了你是不好的吗？

如果你觉得这样就是自己不够好，很可能是你潜意识里故意要感受低价值感。你只想要设置一个过高的目标，让自己做不到，然后你就能成功地感觉到自己很差劲了。

比如说，跑步很难吗？你擅长跑步吗？脱离了情境，这种讨论没有任何意义。跑一百米听起来不难，但是要你五秒钟跑完一百米就很难了。所以，当你觉得很难的时候，你一定是习惯了给自己设立高目标，来让自己感觉到自己很差劲。

不是你自己不够好、不够优秀，而是在高目标的衬托下的你不够优秀。你把目标设置得越高，你就会越挫败。但如果你愿意给自己时间、耐心，静下来，慢慢去做一件事，你就会体验到价值感了。

当你觉得自己不够好的时候，你可以先问问自己：你觉得好的自己应该是怎样的？描述得越具体越好。然后，以客观的眼光再去评估一下自己的标准，看看是否过高了，实现起来是不是过于困难了。

价值感缺失的本质

失去价值感的逻辑

一个人在体验到没价值感的时候，他所使用的逻辑就是：

外在发生了什么，代表了我不够好。别人对我做了什么，就是因为我不够好。我做了什么、有了什么、没有什么，统统都是我不够好。总之，只要一个事不是我理想的样子，那么原因只有一个，能说明的也只有一个，那就是我不够好。

在这个逻辑的加持下，人想证明自己不够好简直是太容易了。比如说：

"如果别人不开心，就是我不好。"

"如果别人嫌弃我，就是我不好。"

"如果别人指责我，就是我不好。"

"如果事情没做好，就是我不好。"

"如果我迟到了，就是我不好。"

"如果他抛弃了我，就是我不好。"

"如果他出轨了，就是我不好。"

......

你可以检查一下你是否有这样的逻辑，以至于不知不觉地让自己的价值感缺失了。

方法就是找到某事 A 背后的象征。你可以这么问自己：

×× 你对来说意味着什么？

×× 说明了你是一个怎样的人？

价值感稍低一点的，会觉得：考试没考好，就是我不好；没赚到钱，就是我不好；被领导骂了，就是我不好。

价值感特低的人，则觉得：太阳升起来了，就是我不好；太阳落下去了，就是我不好。今天下雨了，这说明我不好；今天晴天了，这说明我不好。别人过得比我好，说明我不好；别人过得比我差，说明我不好。

不要听着很夸张。

你看别人是如此，别人看你亦如是。你低价值感的捆绑逻辑，和捆绑在太阳上没有本质区别。价值感低的逻辑，就像是吸附一样，遇到相关的情境，马上要把"我不够好"吸附上去。

反过来，价值感极高的逻辑就是：

我过得不好，都是他不好。而我是好的，我没有问题。我简直太好了，他简直太差了。

没有价值感，是因为自我攻击

价值感低的核心成因就是自我攻击。

价值感低的人总会有意无意地去证明自己不够好，就像自动吸附一样，有点风吹草动就能马上联想到是因为自己不够好。

他们会把自己的价值感捆绑在外部的某些东西上。别人不开心，事情没做好，别人说他不好……很多事都可以跟自己做捆绑。这种捆绑就是"一荣俱荣，一毁俱毁"：如果他捆绑的东西破碎了，他的价值感也就跟着破碎了。

这个过程其实是潜意识主动发起的，所以是自我攻击。一个人会主动发起"我这里那里不够好"的认知。虽然价值感低的人对于别人的批评不耐受，但其实他们的内在正在对自己进行一轮又一轮的攻击。

一旦把价值感与外部事物进行捆绑，体验到价值的条件就会变得非常苛刻。比如说：

我有多少钱才可以证明我是好的，我有几套房子才说明我是好的，我在多少岁之前谈过几次恋爱、多少岁之前结婚成家才能证明我是好的，我在恋爱关系中是个懂得照顾别人情绪的、高情商的人才能证明我是好的，我在公司做到什么样的职位、年收入达到多少才能证明我是好的……

你是不是也经常这样来求证自己是好的呢？那么，为什么你的好非要依附在这些条件上呢？假如去掉这些条件，你还是好的吗？你还可以确信自己是好的吗？

我的本质就是不够好

自我攻击的效果就是不断验证自己不够好。表面上看来，一旦发生了 A，我就很容易感觉到自己不够好。实际上是人先觉得自己不够好，然后很容易找到证据证明自己不够好。潜意识在说："看吧，你果然是不好的。"

你不敢确信，因为你不敢相信自己的存在就是一种价值。你不敢相信不需要刻意地努力和付出，你自然的行为就会对自己、对他人、对社会产生价值。你不敢相信"我的本质是好的"，是不以外在的事物为转移的。你内在有一个"我的本质是不好的"的信念。这时候，你就要通过自我攻击来验证自己的内心事实。

表面上，为了证明自己的存在是有价值的，所以你才要疯狂地去"赚取""自己是好的"的资本。你把自己的价值感绑定在金钱、名誉、爱情、贡献、讨别人喜欢等东西上，这些外在的声音和事物成了你的主人。实际上，你越是依赖外在的这些东西所给予的价值感，越说明你内在价值感的脆弱。

一个人越是追求什么，越在说明他内在缺什么；越是渴望证明自己是好的，越在说明"我的本质一点都不好"。

自我攻击不同于自我反省

自我攻击不同于自我反省，两者的本质有着很大的不同。

自我反省是为了让结果更好，为了让下次不再遭遇同样的局面。而自我攻击的目的则只是证明自己很差。

结果的成因因归因不同而有所不同。归因就是你解释一个现状的原因，即你认为是什么导致了这个现状。

价值感低的人在自我攻击时使用的归因逻辑为："事情失败了归因为我，事情成功了归因为偶然。坏事归因为我不好，好事归因为偶然。凡是糟糕的结果，都是我不好导致的；凡是好的结果，都是偶然、运气。"

而价值感高的人擅长自我反省，其归因逻辑为："事情成功了，归因为我很棒，是我努力、有能力的结果。事情失败了，归因为偶然、运气，并不是因为我很差。"

自我攻击的人会把原因作为不可控的因素，改变起来很难，这样可以让人感觉到绝望。自我反省的人则会把原因作为可控的因素，是可以被改变的，这样会让人感觉到希望。

所以，自我攻击和自我反省的本质不同，不同之处在于找出来的原因是否是可改的、好改的。如果是可改的、好改的，那么说明这样的反省还是很有意义的，它会促使你变得更好。如果你找出来的原因是非常稳定的一些因素，很难改，那么你就是在打击自己的价值感。

比如说，一位同学抱怨道："我现在的婚姻特别不幸福，我真是瞎了眼，才选择了这样的人作为我的伴侣，我真是太懊悔了！而我现在还没有能力离开这个人，我真是太软弱了！"

这是一个很典型的把自己的失败稳定归因的例子："我的不幸是当初的选择导致的，那时候我瞎了眼。我的不幸是软弱导致的。"

首先，当初的选择是可控的吗？我们不能让时光倒流，所以，曾经的选择是完全不可控的，我们只能选未来。而这位同学把自己的失败归因为一个不可控的因素。

其次，软弱也是一个相对稳定的特质。把原因指向为自己太软弱，也就是指向自己内在稳定的特质，这就会形成一种自我攻击。

那自我反省的原因是怎样的呢？

如果这位同学把婚姻的不幸定义为"我为了安全感而不选择离开"，这样的归因就变成可控且可改的了。他就可以去想办法调整自己的安全感，从而改变婚姻不幸福的现状。

抱怨的好处

归因不一定要找出自己的原因来。当一件事情结果不如自己意愿的时候，找出别人的原因也是有意义的。觉得是别人的问题、意外等导致的，叫作外归因。

有的人把这个过程叫作找借口，因为他们觉得外归因改变不了任何结果。其实外归因是有好处的：可以维系人的价值感。

我们举个最简单的例子，有的人把婚姻不幸福定义为失败，然后要把这个结果进行归因：

价值感低的人会内归因为稳定因素，认为自己没有吸引人的魅力，没有经营感情的能力，自己非常糟糕；有的人则会归因为对方的问题，认为对方有心理病、人格不健全等。

对个体来说，对方是什么样的人是很难被你改变的，因此，这是个相对稳定的原因。这样的归因对结果也没什么帮助。但这样的归因方式有个非常大的好处：维持了自我价值感。

问题是他的，你就没有问题。都是他不好，那你就是好的了。维护了自我价值感的好处，就是能让你继续相信爱情，还愿意重新找一个对你好的人，开启一段新感情。因为不是你不好，所以下次你还能再投入爱情，享受爱情。可是，如果你认为你的婚姻失败了是因为你自己有问题，那么你不仅会对这段婚姻很失望，还会对你的人生很失望。因为当一个人的价值感过低时，就会对生活感到绝望，什么都不想去做。当你认定自己就是不好，就是做不好事，那么你哪里来的动力去做呢？即使你强迫自己去做，你也会一边做一边怀疑，过程非常辛苦。

有的人会通过责怪原生家庭，来维持"我依然是好的"的感觉。有的人通过甩锅给他人，来维持自我价值感。

抱怨、指责、甩锅是有积极意义的，其作用之一就是维持自己的价值感。将问题归因他人，你就很好了。

健康的价值感

价值感过高

价值感过高是非常危险的。虽然价值感高会让人自我感觉非常良好，但脱离了现实的高价值感是很危险的。

如果你总是觉得自己没问题，你就会容易觉得都是对方的问题。那么你就会容易指责、嫌弃、否定对方，还会容易看不起对方。这时候，别人跟你相处，就容易受到你的打击，从而想离开你。如果你总是把婚姻中的矛盾归因于对方，你就会在抱怨、不得志中屡屡更换伴侣，不仅获得不了长期的伴侣关系，更会让自己不开心、不舒服。

有的人会觉得自己特别棒，觉得自己配得上最好的对象。曾经有一条新闻，一位女士公开择偶，不仅要求对方外形端正、家境优越、教育经历优秀，还要求对方每个月能给她 20 万零花钱，结果她就成了新闻热点。其实她并不具备配得上对方的条件，这就是过高地评估了自己的价值。

在工作关系中，如果你的自我价值感过高，就会表现得过于自信，就会让他人觉得你过于傲慢、清高，从而影响与他人合作的感受。高估自己的能力也会让你负起你应承担的责任，最后导致事情失败。这不仅会影响你的业绩，更会影响你的口碑。

价值感过低

如果你对自己的价值认识过低，你就会觉得自己特别不好，经常体验到挫败、无助，缺乏行动力，什么都不想做，会渐渐陷入抑郁。你会失去对自己的信任。"什么都干不好""什么都不配""哪哪都不好"的人生是令人非常绝望的。

你会因为觉得自己没能力而无法开始做事情，事情的结果也无法给予你正向的反馈，这一切只会进一步强化你的"没能力"。你会因为觉得自己没有魅力而无法开始社交，社交也无法给予你正向的反馈，从而一步步强化"我果然就是不好的、不被人喜欢的"的想法。

价值感过低的时候，会引导现实进一步恶化，人就会进一步巩固自己的低价值感，进而陷入恶性循环。

健康的价值感

健康的价值感不是过高，也不是过低，而是拥有被现实检验的能力，符合现实的就是好的，不过高也不过低地评价自己。

你知道自己摘不到天空中的云朵，所以不会去摘。但你知道你可以坐上飞机看见美妙的云海，所以你会去做。你知道自己追不上好莱坞明星，所以你不会去追。但你知道你可以努力靠近校园操场上的男神，所以你会去做。

正确评估自己的价值，就是要用现实检验能力。当然，你永远都不能准确知道自己值得多好的事情，值得多美的人，但你可以通过现实的一次次反馈，更加接近真实水平。

找到价值感的几种方式

以整体的眼光看待自己

建立价值感的方式不是发现"我很好"，而是发现"我整体上很好"，也就是"我有的地方好，有的地方不够好"。但谁又不是这样呢？每个人都有所长、有所短。用全面的眼光看待自己，就会得到一个客观的结果。

用局部的眼光看自己时，就会陷入两个极端：要么只发现自己好的地方时，会觉得自己哪里都好，特别好，陶醉极了；要么只发现自己不好的地方，陷入恐怖的自我否定里，觉得自己哪里都不好，糟糕透了。这样就会陷入极度主观的评价里，丧失被现实核对的能力。

用全局的眼光看自己则不会陷入妄自菲薄之中，就会不卑不亢地看待自己。

同时，这还是一个去理想化的过程。我们会幻想自己哪里都好，对自己有一个理想化的想象。而没有实现这个标准，就会觉得自己不够好。实际上，你有的地方好，就已经是很好的了。

我们对别人也会有理想化的想象。在我们的想象中，别人都特别好，这样就凸显出自己的不好来。其实每个人都有自卑的地方，别人也没有你想象的那么好。

自己定义自己，选择性使用外在定义

丧失价值感是因为我们把价值感交给他人和外部事物来定义了："只有别人说我好，我才是好的。""只有事情做好了，我才是好的。""只有发生了什么什么，我才是好的。"当你感受到自己不够好的时候，你可以问问自己：

"我把自己的价值感捆绑在了什么上呢？"

"只有怎样，才能证明我是好的呢？"

"这件事情没做好，可以代表我的本质是不好的吗？"

当你不知道自己好不好时，你就会把定义自己的权利交给别人。拿回自己的定义就是去区分别人认为你不好和你认可的不好之间是否有真实的关联。

比如说，有人觉得你车技不好，那你的车技到底是好还是不好呢？别人说你车技不好，与你的车技有没有关系呢？好的标准又是什么呢？跟赛车选手比一比，的确不好，但换个标准试试：在现有的车技下，你认为开车不影响别人，就叫作车技好。你甚至还可以再重新定义一下，把没出过事故叫作车技好。

定义好坏的标准永远在你自己的手里，永远不要拿一个特别高的标准来对比自己、定义自己。当你知道真实的自己是怎样的，就不会因为别人说你什么而改变自己。

当然，定义自己时也不要盲目自信，一副"你怎么评价我，跟我有什么关系"的样子。别人的评价，一味地忽视是不健康的，这会让你陷入盲目自大。同时，一味地接受也是不健康的，这会让你很容易被他人影响。

健康的自我定义是，不盲目相信，不盲目否定。你对自己有定义权，但你对自己的定义会参考周围环境对你的评价。一个好的制度是这样的："我主导自己，但你可以参与我的主导。你可以提建议，你可以发表意见。我也会合理评估你的看法，根据你的看法来适度修改我对自己的看法，让我更好地适应现实。但无论你怎样提建议，有一点是不能被质疑的：最终决定权在我这里。"

小目标

小目标可以提升价值感。小目标就是只给自己定下一天的计划，或者只给自己定下一小时的计划，或者只给自己制定一点点的计划。不要在想象中用宏大的目标吓倒自己，然后用制定更大的目标来防止自己的挫败，最后只能更挫败。

比如说，你买了一台跑步机，你给自己定了一个小目标："今天我要跑五分钟。"当你跑完五分钟，在五分零一秒的时候果断关掉跑步机，你会觉得你完成了目标，觉得自己棒极了。但是，如果你要求自己今天跑五分钟，完成后，明天要求自己跑五十分钟，后天要求自己跑一百五十分钟，不停地升高目标，那么你同样会透支你的价值感。

但有很多人很奇怪，他们一旦实现了目标，就会马上给自己增加新目标。实现这个目标，终于可以去实现下一个目标了；忙完这一阵，终于可以去忙下一阵了。那么，他们的人生就像是陀螺一样，不停地转啊转，丧失了休息的能力，也丧失了价值感。

原生家庭及育儿中的价值感

价值感形成的关键期

价值感形成的关键期是在三至六岁，弗洛伊德把这个阶段叫俄狄浦斯。

这个阶段的孩子开始探索这个新奇的、充满未知的、丰富多彩的世界，但是自身的能力又不足以支撑他确信自己是可以的。这时候，他就特别需要父母的鼓励和认可，从而形成自己的本质是好的的认知。

如果在这个阶段价值感没有建立起来，他就会在别的时间段花更多的精力来重新建立。然而，如果父母阻止了他，他就会长久地处在挫败感里。

原生家庭并不是价值感建立的唯一环境，但在原生家庭中，父母与孩子的互动方式极大地影响着孩子价值感的建立。

父母吵架

　　婴儿长期处于全能自恋的状态中。他会自动认为，外界的很多不好都是他不好导致的。比如说，"父母吵架，都是因为我不好"。父母吵架本身跟孩子没什么关系，但小孩子会自动认为都是因为自己不够好，他们才吵架。他会觉得："如果我乖一点，他们就不会吵了。"

　　造成这个现象的原因是，当孩子还小时，他的自我部分还没有建立，他分不清楚外界的冲突和自己的关系。他会把外在等同于自我，这是孩子与环境共生的部分，所以他就会把环境与他人的不好等同于自己不好。如果后期这几部分没有完成分离，孩子长大后，依然会把环境与他人的不好等同于自己不好。

　　归因为自己不好，可以帮助孩子获得一点掌控感。如果他将许多问题的发生归因为父母不好，他将会体验到对环境的严重失控，更没有渠道得到父母的爱。而归因为自己不好，孩子会留下一种幻想："是不是我足够好了，父母就可以停止争吵，来爱我了？"

父母忙

　　很多父母都很忙，没时间管孩子。在这样的环境下长大的孩子很容易自暴自弃，他会觉得是自己不够好，不够惹人疼爱，自己的存在没有价值，才会没有人爱、没人在乎。毕竟，金子才值得人珍惜，一块石头又有什么好在乎的呢？没有爱的灌溉，他的价值感又从何建起呢？

有的孩子十分刻苦用功，他会认为："只要我再乖一点，再优秀一点，父母就会注意到我、爱我了。"孩子就会养成自强的性格，凡事都要争得一个好结果，觉得要特别优秀才能被别人注意到。他会无意识地把自己的标准拉高，生怕自己一不优秀就落后了，没人在乎了，会时刻生活在恐惧中。

虽然努力的品质会给他带来一定的成果和价值，但通过恐惧建立起来的价值感是一种虚假的价值感，并不能建立"我的本质是好的"的认知。

父母的悲观和抱怨

有的父母过于悲观，特别喜欢抱怨。他们或许并不会刻意指责孩子，但他们总是在抱怨：邻居对自己不好，伴侣对自己不好，社会对自己不好，亲戚对自己不好，自己的身体怎么不好。这种抱怨会给孩子一种自己不够好的感觉。

因为在小孩子的体验中，自己和父母是一体的。因为你不开心，所以他想拯救你。可是他的力量太弱小了，拯救不了你，他就会觉得是自己不够好，能力太差了，感觉很挫败，那么他的价值感就被削弱了。

父母的指责

父母的指责对很多人来说简直太常见了。"你这里不行！""那里不行！""这个不应该这样做！""那个又做错了！"这样的声音很熟悉吧。正因为在你小的时候，你的父母特别喜欢把你没有做好的事情归因为你内在的稳定因素，所以才破坏了你价值感的建立。

比如说，当你做不好作业的时候，他们不会说是因为这道题太难了，他们会说是因为你太笨了。题太难了属于外归因，如果父母这样说，就会很好地保护你的价值感；而说你太笨了，这就是在内归因，就会让你感受到挫败感，你的价值感也会被破坏。

比如说，你一不小心把杯子打碎了，他们不会去想杯子的摆放位置是不是得当，他们会怪你怎么这么不小心，毛手毛脚。总之，只要你一犯错，一定是你不够好导致的。那么你就会习得这种归因的方式，把事情的失败归因于自己不够好。

父母的期待

有的孩子很不幸，从小就要承担家庭里的某个重任，父母会要求他将来要成为什么样的人，给孩子设置过高的目标，孩子就会被这个目标吓住。虽然孩子已经十分努力了，但父母就是不满意，还会要求孩子十二分的努力。当孩子已经努力到极限，父母还是无限度地要求他时，孩子便会体验到巨大的无力感和挫败感。

没有成就感的支持，价值感是很难建立起来的，孩子就会觉得，是因为自己不够好，才没有达到好的标准。即便日后成长得很优秀了，他还是会要求自己更好，他的人生就会过得很辛苦。

父母的比较

父母为了面子，往往会拿自己的孩子与别人家优秀的孩子做比较，希望自己的孩子通过努力，也变得同样优秀，来换回一些面子。

父母这么说的时候，可能只是随便说说，但孩子不会随便听听。孩子会在被比较之初，默默努力。可是，当孩子超越了隔壁的小朋友后，父母还会拿他与隔壁的隔壁的小朋友做比较。

这种无止境的比较会让孩子觉得自己很差劲，落后于他人，就会打击到孩子的信心，使孩子体验到生不如人的感觉，一直活在卑微中。

从未得到夸奖

实际上，父母不夸孩子，并不等于不爱孩子，可能是因为父母缺乏正向表达的能力。但孩子会体验到"你不夸我，一定是因为我不够好"。

对于小孩子来说，没有得到正向的反馈，是无法找到自己的价值感的，就像是行走在空白里，不知道自己要做到什么程度父母才满意，不知道自己怎样才算是好的。而孩子觉得自己不够好也是有意义的，这样他会获得一些掌控感，因为他会觉得，虽然自己操纵不了外在，起码还可以操纵自己，这就是"我不够好"的生存意义。就像婴儿一样，他会通过吸吮获得安全感和掌控感。实际上，他什么都掌控不了，但奶嘴送到他嘴里的时候，他就有了能掌控这个世界的感觉。

Chapter 05

意义感

人生的意义

人生的意义，就是活出自我

人活着的意义是什么？人为什么要活着呢？

看起来，这是个哲学问题，却也是个非常基础的人生问题。人的一生会发出无数次这样的疑问：在你开始有意识的时候，在童年开始对世界好奇的时候，在青春期压抑的时候，在青年期迷茫的时候，在中年危机的时候，在富裕了以后，在空空的房间里的时候，在旅行的某个瞬间……你都会有这样的疑问。

那可能是一种突然的伤感、空虚、迷茫，觉得自己做的一切都没有意义，感觉不到自己的存在，觉得生活就是流水线，日复一日，年复一年，甚至觉得人生七八十年实在太长了，不知道为什么活着，也找不到放弃生命的理由。这种状态实际上就是缺乏意义感。

人生的意义，就是活出自我。

要理解这部分，得从什么是"自我"开始说起：你是如何感知你自己的呢？你是如何定义你自己的呢？"我"是个很熟悉的词，但什么才算是"我"呢？

当我们说"我的汽车""我的房子""我的孩子""我的工作"的时候，这些东西是客体，是"我的"而不是"我"。所以，"我"所拥有的外在事物在自我范围之外。

那么，皮肤内的就是"我"了吗？我们又会说"我的心脏""我的肝""我的肺"，那么，相对于"我"来说，这些内脏也是客体，它们属于"我"而不是"我"。同样，"我的名字""我的感受""我的思想""我的愿望"，这些也是相对于"我"存在的客体。

一切可被定义为"我的"的存在，都属于"我"而不是"我"。自我是一个观察者、一个体验者。观察者不是观察本身，不是观察物；"我的"也不是"我"。

又"哲学化"了，好吧。当你思考这个问题的时候，就算你的头大了三倍也不会有答案。哲学家对此进行了上千年的努力，从古希腊德尔菲神庙上的"认识你自己"，到康德的《纯粹理性批评》中认为理性无法帮助人认识自己，哲学家们都在说同一件事情：认识自己是件不太可能的事。

当你去思考时，答案就找不到了，因为自我只能被感知，无法被思考。

活出自我就是享受

自我，就是你愿意享受的事物的集合。

你有过感觉到享受的时刻吗？你曾在某个瞬间陶醉于某一件事吗？那一刻，你忘记了所有，不再思考。

比如说旅游。当你在看山、看海、看雪、看瀑布、看日落的时候，你有陶醉过吗？那一刻，你忘记了自己，你被深深地震撼了，好像你跟这些风景在一起了一样。你们在那一刻成了一个整体。我在海边生活，经常在夜里去看海。某些时候，我感觉我和大海是一体的，我们都是这个宇宙的一部分。

比如说娱乐。当你玩滑雪、玩滑板、玩跳跳床、玩跳楼机、玩超级马里奥、在 KTV 里唱歌、吃火锅、做美容的时候，你的大脑在想什么呢？总有那么一些时候，你会忘记思考，你只是在做，你只是想做，你陶醉在这些事里，好像你们是一体的了。即使你在思考，你也在专注地思考要做的事。

比如说看电影时，你忘记了自己在看电影，你仿佛就是故事本身。你不是在电影院里，你是一个故事的主角，你在一个惊天动地的故事中，你就是故事本身。

总有那么一些时刻，你只是在体验，在感受，在陶醉。你忘记了自己，消融了界限；那一刻，你会感觉到，自己跟那件事融为一体。这种感觉就是活出了自我。外在的事物成了自我的一部分，那一刻，它们不再属于你，不再与你无关。那一刻，它们就是你。

那么，自我其实就是你的心愿意享受且能够享受的事、物和人的集合。

你在做什么，什么就是你。自我是流动的，自我不能单独存在，自我就是事情本身。当你陶醉在某件事里，你就体验到了你的自我。自我就像灵魂一样，当它附着在某件事上时，自我就跟那件事情完成了融合，这件事就是它。

自我即融合。人生的意义就是去体验自我，就是去融合，就是去陶醉于人、事、物。这个过程也就是人们常说的"天人合一""活在当下"。

因此，人生的意义就是沉浸，就是陶醉，就是享受，享受一切你能享受的事物。有的人把这个概括为：人生的意义就是去更多想去的地方，吃更多想吃的食物，见更多喜欢的人，跟喜欢的人探索更多，做更多喜欢的事。

世界上只有一种爱，那就是爱自己

当自我跟某件事相融合的时候，那一刻你就是享受的。享受并不是狭义上的吃喝玩乐，而是一种热爱和投入，就是自己和某个客体建立某种联系，完成某种融合，成为一体。

陶醉是最高级的享受，这种享受也叫作爱。我们每个人的内心都有很多爱，也有很多爱的冲动。正是这些爱的存在，让我们的内心感受到了生命的美好。当你去爱的时候，你也会发现，那一刻，生命充满了意义。

因此，自我就是爱。爱的过程就是投注自我的过程。活出自我也就是活出爱。

因此，不存在爱需要回报的问题。所有需要被回报的爱都不是爱，那是投资。爱也不存在我爱你的问题，因为那一刻你就是我的自我的一部分。我对你好，那时候我不是在爱你，我只是在爱我自己。我借助对你好，体验到了更好的自我。

比如说，爱一只猫。你看到一只猫很可爱，你想去抱它。此刻你不会去计较这猫是否会回报你，你只是单纯地被它的可爱所触动，你想去为它做点什么。于是你去抱它，想抚摸它。此刻，你看到了有爱心的自己，你内在的一部分正在为自己内心的柔软而震撼。那么此刻，你就不是在为这只猫而做，这些都是外在形式。你正在为你内心的柔软、悲悯、可爱而做。当你抱这只猫的时候，你体验到了自我的美好。

当你想去抱它的那一刻，你们两个在某种程度上成为一个整体，而你也开始陶醉于这个过程。那一刻，你不是在爱这只猫，你是在爱可爱的自己。

比如说，爱一个人。你爱一个人的时候也是如此，你就是想为他做点事情，你眼里有了他，你看到了他的脆弱，想去关心他。当你去安抚他的脆弱的时候，你感受到的是有温度、有力量、有勇气、有同情心的自己。至于现实中对方所收获的益处，那只是顺便的事情。你借由对他的关心，完成了自我的扩展，你看到了很棒的自己，你正在爱你自己。

而无法享受自在地爱他人的人则会在关心别人的时候有目的地盯着结果，计算着结果，想着自己这么做了以后会得到什么样的对待。

比如说，爱别人的优秀。当你看到了别人的优秀时，你会被他的优秀所触动，会很自然地想去夸奖他，就像看到了壮阔的山河一样，自然而然地发出你的感慨。这是一种由衷的称赞。在别人的优秀面前，你仿佛看到了造物主的神奇。你在夸这个优秀的人的时候，仿佛你就是造物主，你和造物主成了一体。那一刻，你感受到了正在欣赏美好世界的自己。你在爱内心波澜壮阔的自己。不会享受美好的人则需要硬生生地为了讨好别人而挤出几句赞美的话。

比如说，爱一场电影。你去看一场电影，在这个过程中，你很欢乐，或跟着哭泣，你就是在享受这部电影。不是所有人看电影都是享受的，有的人是为了完成任务、完成工作而让自己去看电影，他就会非常关注还有几分钟结束。

比如说，爱一份工作。你喜欢某件事情，你就去把它当成一项工作，然后去创造。这时候，你就跟工作有了融合，你就开始享受这份工作。正如马云所说："我对钱没有兴趣。"我相信，比起赚钱，他更享受自己的事业。那一刻，他不是在爱自己的工作，是在爱他内心对困难的挑战，爱他对工作的征服，爱他所创造的价值。

所以，人生的意义是什么？有爱的人，有爱的事。成功的人生就是找到了爱的人，能够为他付出；找到了喜欢做的事，能够甘心投入。人生的意义就是爱。

实际上，这并不是多么艰难和高深的事情。每个人的人生都有过享受的时刻，每个人都曾体验过意义感，只不过你不知道那就是意义。你在体验到意义的时候，并不会思考这就是意义。

爱人，爱事，并享受其中，这就是人生的意义。更简单地说，人生的意义就是享受爱。

意义感是怎么失去的

空虚感的来源

享受对很多人来说是件陌生的事。

很多人会选择用吃苦来逃避，感觉并不能享受人生，反而苦难重重。他们会选择让自己经历很多困难，让自己非常忙碌，一方面感慨于生活的苦，一方面继续着这种苦。实际上，忙碌和苦也都是有一定意义的，其作用就是让人不停地劳作，从而不会有时间去患得患失。

一旦吃苦的人停止吃苦，忙碌的人停止忙碌，他们将不得不面对迷失的自我，不得不面对内心的无意义感，继而体验到生命的孤独和虚无。

我在"安全感"一章里谈过，孤独的原因之一是害怕一个人，是恐惧感。这时候的孤独就是，一个人无法跟任何事、任何人建立关系，他体验到的自己是一个孤零零的个体，他在这个世界上无人问津，无甚乐趣。

孤独就是跟人、事、物都没有连接，内心的爱无法投注出去，自我无法寄托。自我找不到寄托的客体，就会感知不到自己的存在，这种感觉就是虚无。

正在做事情不一定代表着你与它有连接，你的理性在强迫你做不喜欢的事，这时候你依然是孤独的。跟人在一起也不一定意味着你与他有所连接，你的身体跟别人在一起，但爱投注不出去，你依然是孤独的。

反之，一个人待着不一定孤独。即使你此刻一个人，没有做事情，如果你心里一直装着你喜欢的人和事，你也会体验到意义。"海内存知己，天涯若比邻"就是心里装着挚友的丰盈感，《瓦尔登湖》就是心里装着很多事的丰盈感。

所以，孤独是跟外在无关的。

有的人很困惑，认为自己不能热爱生活，不能爱他人，从而特别自责，觉得自己"爱无能"，对一切都没有兴趣。实际上，这时你需要心疼一下自己：这说明你跟外在是没有连接的，你的世界里只剩自己。

当然，你不会所有时候都跟这个世界没有连接，也不会所有时候都有连接。所以人都是有时候孤独，有时候幸福。孤独本身是不可被避免的，但我们可以在孤独的时候思考如何减少一点孤独。

恐惧让人忙着去应对

我们做事情时往往有两个动力：爱和恐惧。爱就是我们内心喜欢这件事，所以想去做。恐惧则是我们必须去做这件事，不然可能会完蛋。我们靠近一个人时也是如此。有的人是因为爱，渴望靠近一个人，并在靠近的过程中体验到满足感；有的人则是因为恐惧，不得不靠近一个人，理由往往是，这是责任，是对的、应该做的事。

被恐惧驱动的人是不敢把自己的感受放在第一位的，也就是不敢把自己放在第一位。这样的人不敢专注于自己的感觉，不敢为了开心、幸福而活。

而一个人之所以无法去享受生活，是因为他前面的基础需求没有得到满足。他的潜意识一直在忙着确认："我是安全的吗？我是自由的吗？我能做好吗？"

比如说看电影。你喜欢看电影吗？如果你喜欢并且要去看，你一定想要把看电影这件事建立在安全感、自由、价值感都满足的基础上。如果这家电影院不安全，随时可能会爆炸，随时会有人突然扇你一巴掌，你就没法儿安心观影，因为你的安全感丧失了。

如果你有一个"如果我有空闲，我就不能浪费时间"的信念，你可能会觉得，看电影是一件浪费时间的事，你也就没法儿开心地看电影了，因为你的自由已然失去了。

如果你觉得这部电影太深奥，你就会不想去看电影，去了也不愿意尝试花精力去理解，免得自己更受挫，所以也就不会享受这部电影了，因为你的价值感早已丧失。

只有你觉得安全感、自由、价值感都得到满足的时候，你才可能会享受那部电影，才能体验到意义感。

在工作中也是这样的，如果你觉得这份工作赚不到钱，吃不饱饭，你就不会享受工作。如果你觉得这份工作不稳定，随时会失去，你也就不会去享受工作。如果你觉得工作中不能出错，必须跟同事搞好关系，必须让领导满意，那么你也没法儿享受工作。如果你觉得工作中你肯定不行，你做不好，就算做出来成果也很垃圾，那么你也享受不了工作。

比如说恋爱。很多人在谈恋爱的时候会计较得失，无法全情投入，那可能是因为他们缺乏安全感，觉得少了点儿什么自己就会有危险；也可能是因为缺失了价值感，不相信自己能经营好一段有结果的关系。

所以，当你体验到孤独、空虚和虚无感的时候，你要先问问自己：此刻，你缺了什么？怎么缺的？

忙着满足安全感、自由、价值感的状态叫作生存，追求意义感的状态才叫生活。当你的底层需求被满足了，你就能从生存状态进入生活状态，就可以享受意义，你的眼里就有了别人，关注的就不再全都是自己了。这时候，你就有了爱的能力。

所以，孤独的深层原因就是不敢做自己，不敢跟着自己的感觉去生活，只能为了生存而不得不委屈自己。

爱是自我饱满的结果

享受必须建立在前三者都满足的基础上，你愿意陶醉进去，你才能体验到意义感。

爱只发生在一个人的底层需求得到满足的时候。也就是说，当一个人去爱的时候，他首先要有安全感、自由、价值感。

他没有担忧，不为生存而焦虑，他就有了安全感，有了向外看的可能。一个匮乏安全感的人，注意力都在自己身上，都在想着怎么保护自己，怎么让自己安心下来。

他身心合一，没有自我强迫，就有了自由、能量去看外部世界。一个匮乏自由的人只能用理性去跟别人相处，而用理性无法感受到别人的喜怒。

他觉得自己是有能力的、是好的，自己的爱是会给别人带来帮助的，这时候，他才有了爱的动力。如果一开始你就觉得别人会嫌弃你，相信自己的行为会带给别人伤害，那你就会没有动力去爱。

所以，爱是自我饱满的人才有资格去做的事。当一个人在某一刻有了安全感、自由、价值感，他才有了爱别人的可能。自我匮乏的人只想索取爱，只想被爱。爱是需要能量的，自我饱满的人才有多余的爱给予别人，自我匮乏的人只想从别人身上榨取能量。

很多人也在问，如何找到自己感兴趣的事，并且羡慕别人能从事自己真正感兴趣的工作。

一个人之所以找不到自己感兴趣的事，是因为他的注意力从来没有在"我喜欢什么"上，他无法找到自己内心到底对什么感兴趣。他的注意力每天都花费在了"如何获得安全感、保证收入，如何做好、获得别人的认可"上。

只要你还在为未来担忧，为金钱担忧，为安全感担忧，为别人如何看你担忧，你就不可能有精力去发现并重视你喜欢的事。

一个人去做自己喜欢的事，也多是在他处于自我饱满状态下。

找到意义感的方法

跟你的感觉在一起

体验到意义感的唯一方式就是，跟你的感觉在一起，跟着你内心的感觉去生活。

孤独是因为跟自己的感觉隔离了。情感是我们跟这个世界连接的唯一方式，如果你无法专注于你的情感体验，你就会体验到跟这个世界失去了连接。因此，克服孤独的方式就是，感受你内心的情感。

孤独与意义相对。前面我们讲过，人生的意义就是爱，就是活出自我。实际上，你有很多时候都体验过，但你没有留意。有一个现象可以判断你是否在为某个客体投注爱：幸福感、喜悦感、开心。

你可以问问你自己，回顾你的前半生，你开心过吗？幸福过吗？喜悦过吗？满足过吗？

如果你活到现在，从来没有感受过开心，那你可以申请吉尼斯不开心纪录了。要知道，这和一直都很开心一样难。

在爱的过程中，人会感觉到满足感，那是一种很深的喜悦。有的人说被爱也会让人开心，其实不是的。坦然接受被爱的人才会感觉到开心，不能坦然接受被爱的人只会在被爱的时候感觉到恐慌、陌生，想要逃离。坦然被爱，这种行为本身就是给付出爱的人的一种回馈。你的开心就足以让真正爱你的人感觉到满足。

爱让人感觉到满足。爱是一种状态，这种状态人人都有。连街边最可怜的人都有能力给别人爱。连最无能的人都会有喜欢做的事、热爱的事。比如说你玩手机的时候，你很陶醉、很开心，那么你此刻就在爱。

有人觉得玩手机的时候很空虚，一点儿都没有意义。当你体验到空虚的那一刻，你并没有享受手机，你只是在理性地评判自己：这是浪费时间，这是堕落，这是不对的。你拒绝感受自己那一刻的情感体验。

所以，活出人生的意义的第一步就是，你需要去回忆哪些事让你开心、幸福、满足、喜悦。你曾经对这些事很有感觉，但是你可能没有在意过。对这些事的回忆和标记可以增强你内心的确认感。

有的人有过很多开心和满足的体验，却从来没有把这些当一回事。你也可以问问自己：开心对你来说是重要的吗？在你的世界里排第几呢？

对很多人来说，开心并不是最重要的。因为开心是一种感受，而很多人很难重视自己的感受。更多时候，人会执着于是否做对、是否应该，而非是否开心。

因此，增强意义感的第二步就是，尽可能地把你的体验放到第一位。对你来说，是否有满足感比是否正确更重要。当然，你不要在所有时候都把感觉放在第一位，你只需要在社会允许的范围内尽可能地把你的体验放到第一位。

第三步，去做更多。当你的体验变得更重要的时候，你就可以去做更多这样的事了，你就有了更多满足感。

快乐的三个层次

一个人内心的冲动，就是他真实的自己，是他真实的快乐，那是他感觉所在的地方。当你为自己内心冲动而活的时候，你就会觉得活着是件幸福、踏实、快乐的事。所以，如果你想活出你自己，活出你的生命力，其实就是找到你内心的感觉，找到你的冲动，唤醒你对这个世界的爱。而快乐可以治愈空虚感。

人的快乐有三个层次。你可以跟着这些感觉，一步步寻找更高层次的感觉、快乐和爱。

第一档的快乐，是感官刺激的满足。

当你跟随感官的冲动，刺激你的眼、舌、耳、鼻、皮肤等，你会感觉到一种很原始的快乐。包括吃好的、喝好的、睡好的、熬夜追剧、旅游看风景、游乐场玩、烟酒茶咖啡瘾等，这些都非常刺激。尤其是追剧的刺激，它会把你置换于一个丰富的故事场景中，在幻想中感受到了全方位的感官刺激。

这些感官的刺激很有满足感。你只要跟随你的欲望，在现实允许的范围内，最大化地满足自己就可以了。

可是现在的人有时候很克制自己。想吃的时候不让自己吃，因为会长胖；熬夜追剧的时候要骂自己，因为伤害身体；想去旅行要用钱限制自己，因为不能浪费钱。

克制自己固然有好的地方，能让人在现实层面越来越好，但一直克制的结果却是，一直得不到满足感，渐渐迷失了自己。我也同意人不应该放纵自己，但我觉得人应该在安全范围内最大化地放纵下自己，才能感受到快乐。

健康的状态就是：有时候放纵，有时候克制。

第二档的快乐，就是情绪被照顾的满足。

人是从什么时候开始克制自己的感官冲动呢？当你产生焦虑、罪恶感、自责等负面情绪的时候。这时候你可以选择优先照顾自己的情绪而不是感官。

打游戏是一种感官刺激，很爽。但是打游戏很焦虑，那怎么办呢？你要放下游戏，开始去学习。这时候你还是保持了克制，在克制过程中你会感到焦虑被安抚了的愉悦感。你保持克制不是因为"学习是对的"这个道理，而是你想做点儿什么来安抚自己的焦虑。同样，你选择健身、早睡、节食，都无关于对错好坏，而是因为这些能安抚你的焦虑，带给你满足感。

有时候你会感觉到体内有些负面的情绪，你很难受。但是我要恭喜你，这时候你拥有了快乐的机会。当你的愤怒被在意了，焦虑被安抚了，恐惧被照顾了，低价值感被安慰了，孤独被陪伴了，这时候你会感觉到一种满足感。你的情绪有多强烈，你的情绪被照顾后就有多满足。这就是情绪被照顾的满足。

情绪的被照顾有两个方向：一个是自己照顾自己，一个是邀请别人照顾。这两个方向都有同样的前提：你的情绪。这非常重要。只有你觉得自己的情绪是件重要的事，你才愿意花心思去照顾它。

有的人会在自我脆弱的时候渴望亲密，想谈恋爱，想让对方爱自己，想要被在乎、被关注。实际上渴望亲密，就是人想要有一个人可以安抚自己的情绪。

当你的情绪被照顾，你会体验到你在爱自己，会感觉很踏实。

第三个层次的愉悦感，就是精神层面的愉悦感。读了一本好书、听了一节好课、有了一个灵感、做成功了一件事情、做了一个公益项目等，这时候你会感觉到自己的人生在升华，会感觉内心特别有成就感、意义感、存在感，这是第三个层次的愉悦。

情绪除了被安抚，还可以学习和被思考。在学习和被思考中，你会得到升华的精神快乐。

当你焦虑的时候，你可以去学习、工作、健身，安抚自己的焦虑，这是第二层次的情绪愉悦。但如果你去思考背后的心理过程，你发现到了焦虑深处的恐惧，你就得到了升华，感受到了生命的伟大和自己的艰辛，你就得到了精神层面的快乐。

当你孤单的时候，你可以通过喝酒去排解，酒精刺激了你的神经，你在寻找感官快乐；你找人陪伴，你在照顾自己的情绪，得到情绪层面的快乐；你决定了去面对，你就跟孤单待着，思考孤单，领悟自己为什么会孤单、孤单带给自己的意义，你就得到了升华，感受到了精神层面的快乐。

思考、读书、听课、心理咨询、与他人聊天、冥想、艺术等方式，都可以让你收获一些关于自己和这个世界的感悟。你去践行这些感悟，去做公益、帮助他人、创作、做项目，你对他人和事情投入你的爱，你也可以得到很大的满足。

那是你人生意义的所在。你会体验到一种存在的满足感，那是你精神层面的快乐。

意义感来自过程，而非结果

我有一个朋友曾问我："你觉得我学心理学，多久能变得跟你一样厉害？"

我想了想，告诉他："如果你学的目的是变得跟我一样厉害或比我厉害，那你需要去思考一下你为什么要学。毕竟，为了追求某种结果而做某件事，一开始就注定了它的艰辛。"

我学心理学的十几年里，很少会去想要变得多厉害，更多的是在思考如何把我内心的感受和想法表达出来，分享给别人。我也在思考人性的奥秘，思考它是多么神奇。在这个过程中，"变厉害了只是一个顺其自然的结果"。

为了追求意义而去做某件事跟为了寻求别人的认可而做不同。这种成就感是你去做了，你就感觉很好，不需要通过别人的认可来证明什么。追求价值感的时候会总盯着结果，而追求意义的时候则是沉浸其中。

比如说看一本书。如果你总是忍不住想看看还有几页，希望这本书薄一点，自己看得快一点，好尽快看完，你追求的可能就是"我看完一本书"的价值感或"我要掌握知识，避免被淘汰"的安全感。但如果你希望这本书再长一点，最好别结束，或者你不在意这本书有多厚，你就是在享受读书，你体验到的就是意义感。

如果你在做一件事，是为了某个结果而做，为了赚钱、名誉、稳定或其他，而非享受这件事情的过程，你就会很辛苦。这种辛苦就是，你随时都在担心，结果没有达到预期怎么办？当你遇到挫折时，你会焦虑，完不成怎么办？当你不喜欢这中间的过程的时候，为了结果，你会逼自己。在这样的过程中，你会忽视自己真实的感受和内心的声音，效率也会变低。

如果你是享受这个过程的，就会变得不一样。当你去做事的时候，你就是开心的。至于结果，那是其次。有个好的结果固然很好，没有好的结果，你也想去做一做试试。那么，这件事你做起来就是轻松、自然、专注的，反而可能做得更好。

结果有时候就像是握在手里的沙，你越是想握紧，能握住的反而越少。

当然，我不建议你强行享受这个过程。享受也是个结果，它是底层需求被满足后的结果。一个人之所以更在乎事情的结果而非过程，是因为这个结果里寄托了很多需求。

比如说安全感。一个人会觉得，如果他做不出好成绩，他就会有危险。如果他赚不到钱，他就会饿死。

比如说自由。如果他没有把孩子教育成第一名，让他考所好大学，他将来可能就得一直养着他。

比如说价值感。如果他不能像某某一样优秀，他就不被人喜爱了，就是不好的了。

想象一个处于饥饿状态的人，他最想干的是什么呢？他不会去考虑怎么玩，怎么约会，怎么做好工作；他也不会去想是否喜欢这个食物，它都有什么材料，是怎么做的。他只想有东西吃，并赶紧吃。他的饥饿状态越强，想找东西吃的动力就越大。

吃饱了以后呢？他就有动力和精力去干别的了。他会想去好好爱他所爱的人，想去做他真正想做的事。

内心匮乏的人追求结果，内心充盈的人追求过程。忙着生存的人追求结果，享受生活的人追求过程。结果满足的是人的匮乏，而过程满足的则是意义。

有的人在亲密关系里说"不求天长地久，但求曾经拥有"，在做事情的时候会说"只问过程，不追求结果"。说这些话的人已经相信自己是安全、自由的，结果是好的，才会有精力去关注过程。

当你无法聚焦过程、喜欢过程的时候，你就需要先问问自己，此刻你缺了什么，让你执着于结果？

从意义的层面改善关系

当你在乎一个人时，就会有想留住他的冲动。留住一个人的方式有两种：

剥夺他的安全感，让他离不开你；

让他觉得被吸引，从而留下来。

有的父母改善跟孩子关系的方式就是剥夺他们的安全感。比如说，青春期的孩子很叛逆。这个时期的孩子，其实部分安全感被满足了，这是父母好的部分。然后，这个时期的孩子有了自由的需求，并且相信自己能做好一些事，想去尝试。而很多父母对此很恐慌，就企图剥夺他们的安全感：惩罚、威胁他，让他体验到做自己是危险的。

实际上，这样的做法是无法有效改善关系的，只能让孩子退回到底层需求去。有效的方法是在意义的层面留住他，是帮他发现更爱的部分，发现你们共同热爱的部分。

婚姻关系也是如此。有的人通过剥夺对方安全感的方式，企图留住对方，比如说用分手、离婚威胁对方，指责、贬低对方，告诉他如果他出轨就会怎样怎样。这样的方式的确会让对方内心有所恐惧，而被留住一时。

但真正长久的关系必须要两个人找到共同的热爱。你需要去发现你们之间的共同话题，享受你们彼此的生活，一起探索这个世界。不一定是去旅行，也可以是去发现生活中点点滴滴值得享受的部分——一起打游戏，一起看电影，一起研究育儿，一起研究麻将和电视剧。这些都可以是彼此的意义。

要做到这一点，首先，你要活出自我，活出意义来。

原生家庭及育儿中的意义感

父母自己不爱这个世界

你能否跟一件事做连接，很大一部分原因跟你的父母是否教会你有关。如果你的父母是懂得享受生活的，他们就会带着你一起去体验这个世界的美好。如果父母喜欢这个世界，他们就会挖掘孩子对这个世界的喜欢。

但如果他们在忙着生存，那你们就是三座孤岛，各自忙各自的。每个人都在为了活下去、为了证明自己、为了逃避当下的痛苦而活着，无法产生连接。

有个妈妈问自己五岁的女儿："你长大了想做什么？"女儿说："当医生。"

对于一个五岁的孩子来说，她还不能完全理解什么叫长大后，也不能理解梦想、职业。那一刻，她的内心充满了想象和向往，因为"医生"两个字寄托了很多美好的事物。这时候，一个懂得倾听孩子的妈妈就会问："为什么想当医生呢？医生哪里好呢？你喜欢医生什么呢？"

首先，在这个妈妈眼里，工作应该是一件充满探索、美好的事物，她才有能力去问出这样的问题，才会想发现女儿将来想从事的职业是怎样一种美好。但如果这个妈妈无法享受自己的工作，她就无法理解孩子内心的爱与美好。

这个学过心理学的妈妈知道要"认可""鼓励"自己的孩子，她说："当医生好啊，工作稳定，收入高，受人尊敬，永不退休。宝宝真棒！"

当这个妈妈给予这些反馈的时候，孩子的内心就产生了混乱："我该怎么对待将来要做的事呢？难道想当医生不是因为能帮助人很快乐吗？"

妈妈无法确认自己内心所爱，孩子就会因为得不到妈妈的确认且受到了妈妈的干扰而产生混乱。

父母对孩子热爱的剥夺

即使父母没有带着孩子去体验这个美好的世界，孩子自己也会对这个世界充满探索欲。他会想跟大地连接，跟植物连接，跟蚂蚁连接，跟万物连接。他想去享受这个世间美好的一切。人在刚生下来的时候，是完全懂得如何去爱这个世界的。在小孩子的世界里，他不愿意妥协，他想跟着自己的感觉去生活、去创造。对于他害怕的事，他会带着小冒险的心情去做。对于他不喜欢的事，他会直接说"不"。对于他想要的东西，他会直接表达需求。他能通过不停的试探，知道自己能力的界限在哪里。

然而，不幸的是，有些父母会阻止他去跟这个世界建立连接。他们会从有危险的角度，告诉孩子这些、那些都是不安全的。泥巴是有细菌的，特别恐怖，不能玩。如果他们不想给孩子喝果汁，他们会告诉孩子，果汁是过期的。我小时候对一朵花感兴趣，我的父母跟我说："这朵花叫'打碗碗花'，摘了会打碎家里的碗。"从而打消了我对那朵花的兴趣。

当父母在教育孩子什么是危险的时候，孩子就无法通过自我感知去体验危险了。他只能通过被教育知道那是危险，通过父母的表情知道那是危险。而健康的教育则是，陪着孩子去探索危险的边界，而不是盲目地对其进行恐吓和威胁。

父母应该从正确的角度对孩子进行教育，告诉他哪些是不应该做的，哪些应该做到。一旦有了要求，人对事情的兴趣便会迅速丧失。正如很多人喜欢打麻将，但是，如果打麻将成为一种强制性的任务，比如说，每天必须打八小时，赢的概率必须在百分之六十以上，找四个人盯着你打并随时指正，你还会喜欢吗？

并不是说孩子不应该有规则。健康的规则是父母陪着孩子去探索这个社会的边界，看看怎样会享受、怎样会被惩罚。这时候，孩子就会形成自己的规则。而如果父母提前给予了过多规则，孩子就再也没有机会去感受这个世界真正的规则是什么了。

他们会告诉孩子他怎么不行。当他还没去做时，父母就会给出一个结论："你肯定做不好。"即使孩子做好了，他们也会说"别骄傲，你这是侥幸"。他们有很多办法暗示孩子没有能力，从而让孩子在面对一件新事物的时候不自信，从而不再去做了。

父母不懂得享受生活，孩子便不懂

对于不懂得享受生活的父母来说，他们不仅自己不享受，还会阻止孩子去享受生活，让孩子觉得享受是可耻的，只有忙着去生存才是安全的，只有压抑自己才是安全的，只有攻击自己才是安全的。

于是，为了活下去，孩子不得不做着自己不喜欢的事，忙着证明自己很好，从而忘记如何享受生活。

这样的父母也不是故意的，更不是罪恶的。这样的父母是可悲的，他们一直都是按照这种方式生活的，从来没留意过享受为何物，也从未为享受生活而活过，单单是活着就消耗掉了他们毕生的精力。

但你可以决定要不要恢复对这个世界的爱。

Chapter 06

亲密感

亲密代表了匮乏被满足的可能性

亲密是什么

我们每个人都需要亲密关系，但亲密关系是什么呢？

亲密的需求就是你需要一个人为你做一些事情，表达一种态度，让你感受好一点，包括给你看见、陪伴、理解、回应、关注、重视、尊重、认可、接纳、支持等。

有的人想谈恋爱，其实就是渴望亲密。希望自己能被关心、被支持、被陪伴、被理解、被在乎。有的人努力变得优秀、得体、漂亮、有才华，也是为了吸引他人能满足自己被认可、关注、重视等情感需求。有的人会发脾气，就是希望自己能被尊重、被重视一些。

当我们跟一个人产生矛盾时，首先是因为你不爱我，我情感需求没有得到满足。比如，在亲子关系中，当妈妈因孩子不写作业而愤怒的时候，背后其实也蕴藏了爱的需求："你为什么不体谅一下我的辛苦，你没看见我的付出吗？"她的情感需求就是体谅、看见。

有的人说，我不需要他爱我，我只需要他闭嘴。对方闭嘴，不正是顺从你、在乎你的表现吗？一个想说话的人，要为了你闭嘴，那不正是在乎你才能做出来的事吗？也有的人说，我不希望他为我做什么，我只想要他别再强迫我。让一个好为人师的人克制自己不管你，那正是满足你被尊重、接纳的情感需求啊。

即使你跟陌生人间产生矛盾，也是因为那一刻你没有被爱。在矛盾关系中，当你遭遇了忽视、打击、强迫，你很痛苦，那正是因为你想得到尊重、认可、关注等亲密感而不得。

关系中的痛苦就是求而不得，就是我需要你给我亲密感，可你为什么不爱我呢？

亲密是满足自己匮乏感的途径

在不被爱的痛苦里，人会执着地用自己的方式着急地解决感情问题，却很少思考自己的亲密需求背后到底是什么。如果你想解决感情之苦，去追问：

人为什么需要被爱？为什么会渴望亲密？关注、重视、认可、理解，这些看起来虚头巴脑的东西有什么用？

从底层需求来说，一定是获得了实际的好处，人才会迷恋某个东西。人迷恋亲密，一定是从亲密中得到了某个实际的好处。

这种好处就是：满足自我的匮乏感。我希望你能对我做点什么，让我感觉到自己是安全的、自由的、有价值感的、有意义感的。比如说：

关注：你需要他看见你，需要他把注意力放在你身上，需要他把目光指向你。他得以你为中心，不要总是沉浸在他自己的世界里，不要在忙别的，不要对别的人和事更感兴趣。

人想要受关注，但关注未必是好的，有个人一直盯着你有时候是件很可怕的事。如果你只是想要受关注，在家里安个二十四小时的监控更好，回家就会得到关注。其实人想要的关注是有条件的、特殊的关注，而非仅仅是关注。只不过人无法表达自己真实的需要，就用"关注"二字来统一表达了。

那么，人想要的是什么样的关注呢？那种积极的、无条件的、敏感的关注。对你的需要十分敏感，并想满足你的需要的关注。你的内在可能有一些无助感，你在害怕某些东西，你可能正在自我怀疑、自我否定。当他关注你的时候，他就有可能知道你的情绪并安抚它，就有可能知道你的需求并满足它。

那些闭着眼、没有关注、按照自己以为的模板给出来的付出并不能被称为爱。比如，有的男人总以为女人需要钱，于是就拼命挣钱，以为这就是爱。其实在这种盲目的付出里，因为缺少了对对方的关注，就无法给予对方实际的满足感，也就无法满足对方被爱的需要。

重视：你想要对方把你放在比别的人、别的事更重要的位置上。你在竞争，想在对方的世界里完成你是不是重要的竞争。当你在对方的世界里排名第一的那一刻，你就感受到了自己被重视了。同样，一个人非常非常需要你，也是在重视你，显然你想要的不是向你索取的这种重视，而是可以对你付出的重视。

这种重视有什么特点呢？

就是可以给你关注。当他觉得你比别的人和事更重要的时候，他就有可能给你关注。所以，重视的原因是希望得到关注。

如果在你眼里，工作比伴侣重要，比孩子重要，你就不可能去关注到伴侣和孩子的需求，更不可能给他们实际的爱。如果在你眼里，理想中的比实际中的他们更重要，你也无法给予现实中的孩子和伴侣关注。很多重男轻女的家庭就是如此，他们都以为这个男孩子被重视了，实际上，被重视的只是爹妈想象出来的男孩子，这个真实的男孩子则是被忽视的。

关心：当他关注你后，就有了主动跟你连接的可能，就可能会主动询问你有哪些困难，有什么需求，可以怎么解决等。这样你就有了应对困难和危险的力量。

仅仅是关心并不是你想要的。如果你需要，你可以设置一套程序自动关心你吃了没、喝了没、睡得怎么样，一套机器程序关心起你来不逊于任何人。但你不想要这种关心，因为这种关心仅仅是关心，关心完了没有可以解决问题的方案。

你想要的关心其实是：问问我有没有什么难题，我没有的时候止步于关心就好了，万一哪天我有了什么困难，你关心之后就可以随时帮我解决困难。这时候我就能感受到来自你的支持和帮助，这才是有意义的关心。

所以人想要关心，其实是想要一种被支持、帮我应对困难的可能。

理解与体谅：如果要帮你解决问题，就要先弄清楚你怎么了。但当对方问你的想法和需求的时候，你也不一定能表达得清楚。在你心里，很多难受的感觉都是一个模糊的存在，你需要对方对你这些难受的感觉是了解的，你不用用力表达对方就可以知道你是怎么想的，并且知道为什么这么想。你也说不明白为什么会这样，但他得知道为什么会这样。你只能知道你很不舒服，但他要知道你为什么不舒服。这时候你就感受到了被理解。

理解之所以让人舒服，是因为通过被理解，人的感受清晰了，自我认知清晰了。难受的感觉一旦被聚焦，难受就会变得可承受。所以，理解是为了化解人内心的难受。在愉悦的时刻，人较少需要被理解。

理解，就代表了问题有被解决的可能。理解，也代表了他不会责怪你、会体谅你的可能。而他体谅你，你就不会感觉自己很糟糕，你也不会被他惩罚。

接纳与尊重：知道你的想法和需求并不够，他要能从你的角度认同你的想法是合理的，不评判你，并认可你做的是对的；或者不控制你、要求你，允许你做别的事；或者知道了你的实际困难，从而有可能帮助你解决。

接纳就是允许你就是这样的，允许你有小脾气、大脾气、暴脾气，允许你好吃懒做、游手好闲，允许你长得矮、丑，那你就不用嫌弃自己，并获得价值感，也就不用改来改去。你可以去做你喜欢的事，得到自由。他接纳这样的你，也就不会离开你，你也不用担心自己一个人过，不必没有安全感了。

尊重是更高级的接纳，接纳是尊重的前提。接纳是他允许了你，尊重则是他认为你这样和他一样高级。

他希望你做家务，你希望自己出去工作。这时候，两个人的需求就冲突了，他就会强迫你在家做家务。他希望你早点去相亲，你希望自己慢慢找。这时候，两个人的需求就冲突了。这时候如果你拒绝他，你就会内疚；如果你顺从他，你就会心有不甘。因为每个人的内在都有个逻辑：当别人不开心，我就要照顾他；当别人有要求，我就要顺从他。

这时候你体验到了不自由。但如果他尊重你，你就不必去顺从他，而是可以去做应该做的事。你也不用非要去改变，做你不喜欢的事了。如此，你就能在不打破自己逻辑的前提下，借由着被接纳和被尊重，感受到自由。

认可：认可就是把你身上好的部分反馈给你。

当他关注你、重视你、接纳你、理解你、尊重你，他就可能会发现你做得好的地方，或者发现你这个人好的地方，并且以语言或其他方式传递给你，让你知道。这样你就能体验到一点价值感了。

但人并不都需要和喜欢所有的认同。一些你自己都认可的地方，别人的认可是没有意义的。人在价值感低时才会需要被认可。你价值感高时，只会觉得别人的认可是溜须拍马、老生常谈。

所以，对认可的需求就是为解决价值感服务的。

支持：支持就是希望有人为你提供某种帮助。

你可能会感受到自己正在面对一些危险和困难，你感到很无力，需要有人帮你。比如，你在工作中有些项目搞不定了，你在这座城市感觉到巨大的压力，快要坚持不下去了。这时候有人支持你，你就会拥有安全感。

你可能有自己更想做的事，却被当下的事缠身。比如，有的妈妈不能去接孩子放学，因为她有工作要做。这时候，如果有人支持她、帮助她，她就可以不用纠结了，从而有了自由的空间。

你很想做成某些事，但你自己没有能力，特别挫败。如果有一个人能给你支持，你就会感觉到自己能做成这些事，从而体验到价值感、安全感或自由感。

陪伴：陪伴就是愿意花时间跟你在一起，并说一些让你舒服的话或做一些让你舒服的事。并不是旁边有个人就叫陪伴，不然，一只老虎在那里追你，你也可以说被陪伴了。陪伴有时候是互相陪伴，有时候则是单向陪伴，是我陪你或你陪我。

在给你关注、理解、重视、尊重等亲密感的前提下给予的陪伴才是你想要的陪伴；他在你身边给你这些那些亲密感，你会体验到被陪伴。他给你这些那些亲密感的时候，你也会感觉到被陪伴。

在这样的陪伴下，你的脆弱就有可能被安抚，你的困难就有可能被帮助，你的恐惧就有可能被照顾。严格意义上来说，陪伴更像是一个动作，而非亲密的心理需求。在陪伴里，人会拥有其他一些亲密的感觉。

亲密是融合，是想通过别人成就更好的我

如果你仔细去感受，你就会发现，我们之所以需要某种亲密，是因为这种亲密代表了需求被满足的可能性。他愿意给你某种亲密，代表了他愿意进一步满足你的需求。通过亲密，你可以得到安全感、自由和价值感。

亲密只是途径，只是工具，并不是最终的需求。当我们渴望亲密的时候，这只是一个假象。真正的内在逻辑是：我们渴望通过亲密填补其他需求。反过来也可以验证一下：

如果一个人只给你关注，就这么静静地看着你，不给予支持，也不给予理解，你会觉得开心和满足吗？如果一个人给你足够的认可，告诉你你很棒，这里棒那里棒，但是不会再为你多做任何事，你会觉得被爱吗？如果有个人接纳和允许你，说你这也行那也行，做什么都行，反正跟他没什么关系，你会是什么感觉呢？

只给予关注、重视、尊重、认可等亲密感，没有进一步满足你的其他需求，这是没有意义的，你不会满足于这种亲密。这是一种只走了第一步而没有走第二步的亲密。

人与人之间有两种相处形式：独立与融合。

独立就是你是你、我是我，我们在事业上彼此合作、在想法上彼此交流，我们是两个不同的个体，我对你没有控制权。融合则是我把你当成我的一部分，觉得你应该成为我的一部分。

当我们跟一个人亲密的时候，我们就没有办法再把他当成

独立的个体了，我们会跟一个人融合、共生。希望他成为我的延伸、我的另外一个强大自我，让他为我服务。表现形式就是他要认可我、接纳我、关注我、支持我等，满足我内心的匮乏感。这样，通过所给予的亲密感，我就成为更好的我了。

所以，亲密的作用，就是扩充自我；亲密的意义，也就是帮我们变成更好的自己。

亲密是理想化，是你比我强大

感情是需要理想化的。我要把另外一个人想象成一个很厉害的人，然后才能向他要爱。

你无法去向一个比你更弱的人要爱。即使是婴儿，你也会把婴儿想象成有能力控制自己的哭声的人，才会跟他说"不要哭了"；你也需要把他想象成有能力体谅你的人，才敢对他提要求。

当另外一个人的强大程度可以承载你的需求的时候，他便可以做出一些亲密的动作，满足你的亲密需求。但是如果他感受到了你的需求超出了他的承受力，他就会感受到被吞噬的压力，想逃跑、反抗。因为他想发出呐喊提醒你：我不是你想象中的那么强大的有力量的人。

一个人是怎么拒绝被爱的

拒绝爱的逻辑

一个人只要拒绝爱，就会得不到亲密感。有的人觉得很无助、很孤单，觉得自己没有人爱。实际上，我们所有人都是被爱的。一个人体验不到被爱，不是因为没人爱，而是因为拒绝了爱。

人就是这么矛盾，一方面需要爱，一方面又拒绝爱。一个人拒绝爱的逻辑就是：

只要你没按我期待的样子做，只要你没让事实按我期待的样子发生，这统统都能说明你不爱我，说明你不在乎我、不重视我、不认可我、不喜欢我、不……

具体方式有以下几种：

1. 泛化：把不爱的时刻，当成不爱我

没有人能在所有时候、所有事情上都是爱你的，别人不是你的蛔虫，不是你的仆人，他们有他们的局限性，无法给你足够的爱。也许此刻对方没有把注意力指向你，没有关注你。这时候你可能只要提示一下他，他就会愿意重新给你爱。

很多时候，我们对与他人的关系处于一种不作为的悬浮状态里，没有刻意去爱，但不代表不爱。而当你想要证明自己不被爱的时候，你就会把一切没有正在表达爱的时刻都解读为不爱，会把别人的不作为解读为不爱。这时候不被爱的逻辑就是：你没做A，就是不爱我。比如说：

"你不送我礼物，就是不在乎我。"

"你不主动道歉，就是不重视我。"

"你不回我消息，就是不重视我。"

"你给弟弟花钱却不给我花钱，就是不认可我。"

……

使用泛化模式来拒绝爱的人，需要明白一件事就是：爱不是二十四小时发生的。此刻对方没有表达爱，有很多可能性。有可能此刻他比较疲惫，给不出来爱；有可能是没有意识到你的需要，不须给；有可能是对你有些意见，不想给；更可能是对方没有这个意思，但你这么认为了。但这些都不意味着他就不爱你这个人了。因此，你可以去认真核对一个公式：我观察到你没有去做××，你就是不在乎我。是这样吗？

2．扭曲：把多面的行为，只解读为不爱

也许对方正在做着一些伤害你的负面的行为。这时候，一个内心感觉自己不被爱的人，就会把别人无意识的伤害解读为不爱。这时候人的逻辑就是：你做了A，就是不爱我。

"你要求我做××，就是不尊重我。"

"你指责我，就是在否定我。"

"你回到家就往那儿一躺，就是不重视我。"

……

某种行为的确构成伤害，但这不影响其中也包含着亲密。尤其是亲密的人之间，常常是有一颗想为对方好的心，却以伤害的形式表达着。实际上，每件事都可以往好的方面解读，也可以往坏的方面解读。你可以观察一下你的习惯，是习惯往好的方向解读，还是习惯往坏的方向解读呢？

对于使用扭曲心理拒绝爱的人，他们需要学会的是解绑，不再把 × × 行为和不爱挂钩。解绑的过程就是重新建构的过程，他们需要找出某个行为的至少三种解释。比如说，一个最难的逻辑："他指责我，就是否定我、不认可我。"通常我们觉得指责肯定是否定的，可对于指责，除了解释为"否定我"之外，还有哪些可能性呢？

"他指责我，是希望我认可他。"

"他指责我，是想让我关注他。"

"他指责我，是想告诉我，这件事应该用另外一种方式做。"

"他指责我，是因为在外面遇到了不顺心的事。"

"他指责我，是因为心情不好。"

"他指责我，是因为我比较安全，他相信我能承受他的情绪。"

……

当你发现另外一些原因的时候，不被爱的体验就会弱很多，甚至会感受到自己处于被爱中。

3．忽略：对被爱的时候视而不见

有的人只对负面的信息感兴趣。别人对他好的时候，他会选择性忽略；别人对他不好的时候，他会特别认真。

罗翔曾经在社交平台上因为一句话而被网友持续攻击、辱骂。罗翔当时很伤心，觉得自己不被认可。有人就问他："如果别人给你很多赞誉，你觉得这合适吗？"罗翔说："我肯定愧不敢当。"那人接着说："别人对你的批评，你怎么就深信不疑呢？"那一刻的罗翔只注意到了批评，对自己好的部分、被认可的部分完全忽略，所以才感受到了自己是不被认可的。

有的人说自己的老公不负责任，一点儿都不在乎家。我就会问他："请问你老公是所有时候都不负责任吗？如果不是的话，那你注意的是哪些时候呢？"然后我就会发现，这些人会忽略掉自己被在乎的时候，只注意到不被在乎的时候。

有的人说："我发朋友圈，别人总批评我。"请问你发朋友圈的时候，所有人都批评你吗？肯定不会是所有人。有的人可能没看到，有的人没有评论，有的人表达了认可，只是部分人批评了你而已。这样的人的关注点很有趣，他只对负面的现象感兴趣，这就说明他只对不被爱感兴趣，对被爱没有兴趣。

有的人则会觉得，不被爱的时候是大多数。大多数并不是全部。被爱的时候也不是零，但在感知里怎么就变成了没有呢？

爱是这样的：当你看到有爱的部分的时候，爱就会更多；当你注意到没有爱的部分的时候，爱就会更少。这个原理很简单：如果一个人给了你爱，你发现了，就会充满欣喜、感恩，你的反应也会反馈到发出爱的人，让他接收到。我们把爱给到别人时，激发了别人的信心和感激，我们自然就会愿意做更多。反之，如果我们付出的爱投注到对方那里后，他就像个黑洞一样毫无波澜，我们就不会想做那么多了。

使用忽略心理来拒绝爱的人，其内在逻辑是这样的："他只要在某个地方不爱我，就是全部不爱我；只要在某个时候不爱我，就是全部不爱我。他有爱我的地方，也有不爱我的地方，但只要他不是所有时候、所有事情都爱我，就叫不爱我。"

因此，使用忽略心理拒绝被爱，也是因为对他人的要求太过理想化了。这种人在潜意识里对爱的需求是，所有时候、所有事情都要给他爱。

使用忽略心理拒绝爱的人需要看到的是，爱与不爱同在。此刻，他没有给你想要的爱，不代表他所有时候都不会给。既然你没有离开他，就说明他是给过你很多亲密感的。你可以就事论事地分析，这次他没有给你，但不能说明他是不能给你爱的人。

你要承认的是：一个人有的时候对你好，有的时候对你不好；有的地方对你好，有的地方对你不好。那他是对你好，还是不好呢？

4．攻击

想要被爱，最好的方式就是求助，就是直接告诉对方自己想要的是什么。

因为你想要被爱，这是一个索取的过程。就像借钱一样，你希望对方给你一点钱。那你好好说话，客客气气地去求助，这样你得到帮助的概率就会大很多。只要对方跟你无仇无怨，而且有能力满足你，多半都会满足你的需求。

但潜意识里不想要被爱的人呢，就会选择用攻击的方式去索取爱，用攻击的方式表达需求，比如说抱怨、指责、嫌弃、报复、惩罚等，觉得对方不给爱是错的，是坏的，是不应该的，是该遭受惩罚的。这时候一个人求爱的逻辑就是：我攻击你，你就应该向我妥协和屈服，你不妥协和屈服，就是不爱我。

使用这种方式来求助会怎么样呢？对方本来想给你的，因为被你攻击而给不出来了。

被攻击的人不一定是不想给你爱，只不过，当你攻击他的时候，被攻击的人第一要务是保护自己。当你发起攻击的那一刻，其实你是受伤的，你很需要对方。但那一刻他无法看到你的需求，他没有多余的精力看到你。他只会先看到自己的受伤，并且安抚自己。

而他安抚自己的方式就是反击、逃离、冷漠。这些动作又会对你造成攻击，这时候，你得到的爱就会更少，甚至几乎没有。在不被爱的时候，你又会反击。于是你们会相互攻击，爱越来越少。

冷暴力也是攻击。什么叫攻击呢？攻击是一种让别人难受的方式。你用让别人难受的方式来求助，那结果就是，人家本来有那么一点儿爱的动机，也被你给攻击没了。

我记得我看过一幅漫画，一个角色说："我觉得没人爱我。"另外一个角色说："我爱你。"第一个角色说："那我打你一顿，你还爱我吗？"暴打一顿，那人果然不爱了。第一个角色又说："你看，果然没人爱我吧。"

被爱的前提一定是保护好爱护你的人。有人说："为众人抱薪者，不可使其冻毙于风雪。"意思就是，你得保护那个保护你的人。你想要得到某个人的爱，无论他做错了什么，你都得首先保护好他的感受，你才能得到他的爱。指出他哪里错了，并不能使用攻击的方式，这是拒绝爱的行为。这种人需要学习的就是，使用良好、真诚、直接的方式去求爱。

我的本质就是不值得被爱的

有人会好奇：对啊，人为什么要拒绝爱呢？因为这样符合他内在不值得被爱的人设。

这时候，拒绝就变成了自我保护："如果我不能确定爱的持久性，我宁愿不要。我的内心就是不相信自己值得被爱，如果我接受了你这次的爱，我依赖你了，怎么办？你说拿走就拿走，说不爱我就不爱我了，我该怎么活下去呢？"

就像一个乞丐一样，对他最大的惩罚不是贫穷，而是给了他一个月的暴富。不过，你是一个比较明智的乞丐，你很懂得克制，绝不会去享受这一个月的暴富，除非有人能向你保证财富是永远的。但是，其实别人向你保证了你也不会相信。因为，他怎么保证得了？

贫穷是一种习惯，在这种习惯里，人会感受到安全。不被爱也是一种习惯，在这种习惯里，比偶尔的被爱安全多了。既然是习惯，你就可以知道这种习惯是怎么形成的了。

习惯来自经验。如果一个人从小到大体验到的就是不被爱，那么不值得被爱的感受就会成为一种习惯。在跟爸爸妈妈的互动中，很多孩子从小就不被关注，不被重视，不被尊重，不被理解，不被接纳，不被支持，不被认可。在爸爸妈妈无数次的催眠和眼神里都大写了一句话："我是不值得被爱的。"

在爸爸妈妈的世界里，比孩子重要的东西有很多，可能是工作更重要，可能是另外一个孩子更重要，可能是他们理想中的孩子更重要，是他们自己的情绪更重要，是亲人的安危更重要。这时候，孩子体验到的就是自己不够重要，自己不被重视。

每当爸爸妈妈跟孩子沟通时，他们爱说的话就是："你应该这样，你怎么可以那样，如果你不这样就会怎样，你就是一个什么样的人。"太多父母擅长表达、输出，较少有父母擅长询问、倾听。而关心的前提就是询问啊。父母若从来不问孩子怎么了，孩子体验到的就是不被关心。

这种表达经常以强势命令开始，以孩子不得不执行结束。这时候，孩子就体验到了不被尊重、不被接纳。以否定开始，以父母的耀武扬威结束，孩子体验到的就是不被认可。

在这样的环境下，一个人怎么敢再轻易地相信自己可以被爱呢？

他也不是没尝试着相信过，也曾经无数次希望过，但从小到大，每次希望带来的都是失望。他都失望一万次了，你让他第一万零一次相信？

长此以往，孩子的内心就会形成一种固定的认知："我是不值得被爱的。"然后他会把这种认知带到成人的世界里，再次在成人的关系里体验不被爱。

所以，亲密感匮乏的本质逻辑就是"我不值得被爱"。

我可以不需要亲密吗

解决亲密感的需求的方式就是独立。说到这里，有人可能会有疑问："那我不依赖别人可以吗？我是不是能自己满足自己的所有后，就不需要感情了？"恭喜你，如果你能做到完全自我满足，那你基本就处于大彻大悟的状态了。但这对你我来说都有点儿困难。

首先，人有脆弱性，这让我们必然需要他人。

在绝对理想的状态下，如果一个人什么都能自己搞定，完全独立的话，他就不需要感情。但是，一个人能在所有时候把自己所有的需求都照顾得好好的，这是不可能的事情。

实际上，你我皆凡人。人的脆弱具有必然性，没有人能每天二十四小时都坚强，更没有人能完全克服自己遇到的所有困难，这决定了我们不可能彻彻底底地不去依赖别人。人之所以是群居动物，实际上就是因为需要通过与他人结盟，借助他人的力量，来实现补充自我的可能。

依赖并不是坏事，不切实际的依赖才让人痛苦。而不切实际的原因有以下两种：

人不对。你把依赖投注到了不恰当的人身上，就会依赖失败。这种感觉就像是向穷人借钱，失败的概率很大。

方式不对。你需要对方，却用指责、讲道理、付出、绑架、幻想等方式，让对方体验到压力，那么他拒绝你的概率也很大。

依赖别人本身不会痛苦，反而是爱自己的一种表现。只不过，过度依赖的时候会求而不得，人就痛苦了。那怎么衡量过度呢？就是对方给不出来、不愿意给，这就叫过度。亲密关系中的痛苦就是，你想要依赖对方，而对方不能被你依赖，你还放不下。你不会爱自己，你就特别需要对方来爱。可对方还是不愿意，你就只能痛苦。

解决之道就是，当对方不愿意满足你的时候，你得学会满足自己。注意，只是在自己得不到满足的时候，自己满足自己而已，不是所有时候。

有的人是假性独立。假性独立就是他没有依赖别人的能力，他不得不把自己封闭在一个小圈子里，来让自己好受一点。那不是独立，那是一种假性的独立，他只是丧失了依赖别人的能力。这种人维持正常的生活是非常辛苦的。别人都是集体作战，他是单打独斗。

其次，正常人的亲密感就是流动的。

我们每个人都需要亲密感，这种说法又有一些例外。我们每个人都有很多时候是不需要亲密感的，我们有时候更喜欢自己待着，安静地做自己喜欢的事。因为亲密的需求本来就是变动的。一个人所需要的安全感、自由、价值感、意义感都是随时随地变化的，在不同时候、不同事情上、不同状态下都是不一样的。我们前面讲过，人不是所有时候都处于亲密感匮乏状态。比如说，一个人平时安全感很强，但一只老虎追他的时候，他的安全感也会丧失。但他在咖啡馆安静看书的时候，安全感可能又很高。

因此，人对亲密感的需求也是变动的。

你会发现，当一个人状态很好的时候，他是不那么需要感情和关系的，他自己待着，做自己的事就非常圆满。那一刻，他既可以去爱别人，又可以爱自己，也可以去爱这个世界。但当他状态变差的时候，他就开始渴望从某种关系中得到拯救和解脱。

当一个人状态差的时候，他内在就有一种焦虑和躁动，无法自我安抚，需要通过他人为他做点什么来安抚。这就是我们对亲密感的需要。那一刻，他的独立性已经不足以实现自我安抚了。

当一个人开始渴望亲密感的时候，他内在有一部分就已经体验到匮乏感了。对亲密的需求感越强，说明那一刻内在体验到的匮乏感越强。因此，通过观察他对亲密的需要，我们就能知道此刻他的感觉并不好，他很脆弱。

越是虚弱，就越是想依赖别人。

即使我们有能力自我满足，也不必非要自我满足。

当我们有能力满足自己的时候，一定要去自己满足自己吗？

不是的。爱自己的方式之一，绝不是什么都自我满足，而是使用恰当的方式来满足自己的匮乏感。即使我们有能力自我满足，也没必要什么都自己做。什么都靠自我满足，这样的人特别辛苦，且看起来特别傻。

所以，我们依然需要别人的爱。

健康的爱自己的方式是在自己为自己做和依赖别人满足自己之间找到一个灵活的平衡，两者都要会。

在对方满足你需要的时候需要他，在对方能满足你的地方需要他，在能满足你的人里有他。在不能被满足的时候，自己满足自己。自己爱自己和别人爱自己两者相组合的方式才是健康的关系模式。

就像是油电混用的汽车一样，在适合用电的时候就电动，适合用油的时候就油动。这是性价比最高的方式。

而且，选用恰当的方式来让别人满足你，选择能够更容易地满足你的人，也是为自己的需求负责，是爱自己的一种方式。

谁说吃面包，就一定要自己种小麦，但你总不能不花钱就抢小麦，或者去猪肉店老板那里买面包吧？

这两者之间也有先后：先尽可能地从他人那里寻找满足，在求而不得的时候再转向自身。

解决亲密之苦的方法

找到情感需求

当你感觉到亲密感匮乏，你需要做的第一步就是：找到你需要的情感需求。当你感受到了被忽视，你需要的就是重视；感受到了被否定，你就需要的就是认可；感受到了被控制，你需要的就是尊重；感受到了被冷漠，你需要的就是关注、支持等。你需要从一个具体的事情中找到背后的情感需求。当你厘清情感需求后，就需要进一步思考：这是真的吗？还有哪些可能性？

一位同学说："我老板说我不够自信，不够果断。"这是一个具体情境。我们需要找到的就是情感需求是什么，我们可以问：老板这么说的时候，对你来说意味着什么呢？

这位同学说："我觉得老板在否定我。"

很简单，他的逻辑就是："老板说我不够自信、不够果断，就是在否定我。"乍一看没什么毛病，确定是否定。但你如果换位到老板的角度来感受下，你就能感受到这个未必是否定，更可能是老板表达担心、支持、帮助、在乎、重视的一种方式，可能是他的语重心长，而老板之所以要磨磨唧唧说这些，恰好是一种认可的表现。

还有位同学说："我抱怨了下老公，他生气了，不理我了。"在这个情境中，我们需要找到老公的这个行为对这个同学来说意味着怎样的情感需求。这个同学感觉到很委屈，觉得自己就是随便说说，老公就反应这么强烈，她感觉到自己不被接纳，觉得自己以后说话得小心翼翼的，不然不知道老公怎么就会生气。

这位同学的逻辑就是"我抱怨了下，老公却生气不理我了，就是不接纳我"，简单表达就是"老公生我气，就是不接纳我"。

老公的生气也许是因为真的不想接纳你抱怨。但还有哪些可能性呢？还可能是老公觉得跟你沟通有压力，想逃避，可能需要你主动哄哄，满足他被重视的需求。

找到其他理解的可能性，你就不会陷入"我不被爱"的执着里了。如果你找不到其他理解的可能性也没有关系，你可以直接去问对方：我看到你，我感觉到了不被爱／尊重／在乎／关注／重视／支持，你能告诉我为什么吗？

你也可以直接去表达你的愿望：我很希望你可以尊重／接纳／支持／认可我，如果你做××，我就可以感受到。需要注意的是：你需要具体地告诉对方，你希望他具体怎么做你才可以感受到被爱。如果你只是说"我想要被关注"，这个是没人听得懂的，对方很可能觉得自己已经很关注你了。

找到亲密背后的匮乏

感情的本质就是两个字——依赖。感情中的痛苦就是求而不得。求而不得的意思就是依赖失败。因此，解决感情痛苦的方法就是解决依赖。具体来说就是，你在依赖什么？

你需要深入地问自己：此刻，你的内在的在匮乏是什么？你始终要知道，你想要的不是关注、重视、认可这些亲密的需求，而是你内在有一个价值感、自由、安全感的匮乏感没有得到满足。

问的方法就是："他不做××对你来说会发生什么？有什么不好？"

比如说，"老板说我不够自信，就是在否定我"，这里面需要的亲密感是认可。但是老板的认可有什么用呢？老板不认可你又怎样呢？在这个同学的内心世界里，还发生了一串故事：老板不认可我，就会随时让我走，我就会被公司淘汰，这就说明我很没能力。

在他的世界里，老板的认可代表了自己的价值感被满足的可能。因为老板的否定，会带来一个能剥夺自己价值感的事：我被淘汰。而基于"我被公司淘汰，这代表了我没能力"这个逻辑，他的价值感就彻底丧失掉了。

因此，对这个同学来说，他应该开始尝试着去解绑，当他不再把被淘汰和没能力挂钩的时候，也就不会再怕被淘汰，被老板否定，大不了最后再找个工作而已。

还有同学会责怪妈妈为什么要强迫自己做不喜欢的事，我们可以找到背后的亲密需求。如果你有这样的困惑，你可以深入地去问自己："她不尊重我，又怎么样呢？背后的匮乏感是什么呢？"然后你就可以找到："她不尊重我，我就必须去按她说的做。"那么此刻，你就少了自由。匮乏感的逻辑是"妈妈要求我，我就必须去做"，遵循了"一旦 A，我就必须 B"的模式。

这时候，你只要解绑这个逻辑就好了：妈妈要求她的，你做你的，就无所谓她的强迫了。

如果你有新的有用的方法满足匮乏感，亲密感自然就不需要了。新的方式包括：

解释。跟对方去澄清，你为什么想要他重视你，这样你可以确认他不会离开你，会一直喜欢你，你就不用一个人去面对世界了。你要告诉他，你觉得一个人很难、很害怕，你一个人无法生活，所以你需要他一直在。这样主动进行一致性沟通可以增强对方安抚你的可能性。

更好的方式则是独立。当你每次求爱不得时，你的内心都会说："此刻，你需要独立一点儿了。"你渴望依赖，但是此刻没有依赖。你渴望有人能安抚你的匮乏感，可是此刻没有人为你这么做。那么此刻正是一个机会，你可以回归内心重新看一看自己缺了什么，然后思考怎样为自己解决问题。

你可能很怕一个人待着，所以你需要抓住一个人。你需要深入地问下去：一个人有哪些危险呢？可能养活不了自己，可能解决不了困难。那你还有什么方法可以安抚自己的这些害怕呢？回到"安全感"这个章节，我们就可以找到很多方法：可以小冒险，试试一个人待着，看看有哪些危险；可以求助，看看身边还有哪些人可以陪自己，能够在自己艰难的时候给自己帮助；以及其他方法。

当你能找到新的安抚自己的不安的方式时，你的独立能力就会极大增强，你对亲密对象的需求就不会那么迫切了。这时候，他是否重视你，也就影响不到你了。

停止抛弃自己，先跟自己亲密

从别人那里得到的亲密感终究是有限的。即使你非常优秀，即使你很爱对方，你从对方那里得到的亲密感依然是有限的。不仅从对方那里得到的亲密感是有限的，你从所有人那里得到的都是有限的。这有两方面原因。

一方面，对方是有限的存在。

在感情中，我们容易将对方理想化，认为对方可以给自己想要的重视、亲密和关心。在我的课上有个同学曾经讲过一个案例：爸爸问她要钱。可是，这同学生活得已经很艰难了，爸爸依然在问她要钱。这个同学转出自己仅有的一万块钱后，无比委屈，然后又要回来了。爸爸就说了一堆"儿女靠不住，我只能靠自己了"的话，这个同学觉得更加委屈了。在这个故事中，这个同学和爸爸一样，渴望得到理解、重视。在女儿眼里，爸爸意味着"强大"，爸爸就该有能力理解女儿。而在爸爸眼里，女儿意味着"新生力量"，年轻人是充满无限可能的，是有能力重视爸爸的。他们完全看不到，其实双方都没有足够的能力给予。

另一方面，自己的需求是无限的。

不要以为你只想要一点点亲密感。当你得到一点点亲密感后，你只会得到短暂的满足感，然后就会有更多亲密感的需求，直到将对方吞噬掉。那时你就会觉得："看吧，我果然是不值得被爱的。"

从某种层面来说，对亲密感的需求就像是瘾症一样，得不到的时候有些寂寞，总想尝试一下；得到的越多，就越容易上瘾，越是依赖。

的确，有的亲密感会疗愈人。但那种疗愈绝不仅仅是通过亲密过程发生的，而是人在亲密过程中学会了爱自己。我们一定得学会自我反思，才能完成疗愈。

当我们从他人那里获得亲密感有困难的时候，我们就需要学习跟自己亲密。一个人之所以特别需要亲密感，是因为他完全不跟自己亲密。

想象一下：存在一个蓄水池，一方面你需要放水进来，让水池装满水；另一方面，你又会在底下偷偷把水放走，这就导致水池对水的无止境的需求。

人是怎么放自己的水的呢?

比如说认可。你需要认可,说明你缺价值感。他一说你不好,你觉得你的本质马上就改变了。你把判断你是否好的权利交给了对方,那么此时你就并没有认可自己。

一个人之所以对否定不耐受,是因为他自己也不确定自己是不是好的。他的内心有所怀疑,有裂缝存在,别人的否定就会顺着这条裂缝闯入,击中他的内心。其次,他对自己别的地方也有很多否定,怀疑自己整个人都是不好的。这时候,他的价值感就很脆弱,随便一个地方的否定都可以击穿他的价值感。

因此,你可以问问你自己,当你介意别人说你不好的时候,你觉得自己是好的吗?有的同学会在妈妈责怪自己不孝顺时愤怒,可是你问问自己,你内心对于自己孝顺这件事是肯定的吗?你对自己别的地方有多少否定呢?

比如说重视。你很需要别人把你放到第一位。有的同学对伴侣忽视自己很愤怒,好像无论自己怎么发声,伴侣都看不到自己的需求,自己仿佛是可有可无的存在。这样的同学就需要去思考:你平时在人际关系中,会把自己放在第一位吗?当你体验到自己的自私、愧疚时,你是坚持优先满足自己的需求呢,还是会妥协,放弃自己的需求呢?

如果你在生活中总是把自己的需求放到第二位,你就会想在亲密关系中寻找补偿,渴望伴侣将你的需求放到第一位。

有的人需要被接纳。他们对于被控制的耐受性很低。有个同学说，她在和老公、孩子一起出门的时候，老公总是催促她，这让她觉得自己被控制了，心生反感。她觉得自己又不是故意慢的，已经尽力快了，孩子的事还特别多，她很委屈。这时候，我就问她："相对于你老公，你的确是慢。即使是事情多导致的，那也是因为你消耗的时间比老公长。慢本身不是问题，问题是，就算你承认了自己不如老公快，又能怎样呢？"

她突然意识到，其实她之所以不能承认比老公慢，是因为她自己不接纳自己慢了。她很想满足老公快一点儿的需求，不能接纳"我比老公慢"和"我让老公失望了"的事实。

所以，一个人需要被别人接纳的时候，他并不接纳自己。他觉得："只有别人接纳我，我才能做自己；只有别人允许我，我才能不去改变。"

跟自己亲密，就是去问自己：当你需要别人的某种爱时，你自己尝试了吗？

渴望感情，是因为渴望被二次养育

亲密的本质就是自己需要有个人来照顾，因为有时候人无法照顾自己。那我们为什么不会照顾自己呢？一个人之所以内心有匮乏感，有两个原因。

原因之一就是，父母当年使用了错误的方式对待我们。错误的方式包括：

没有教我们如何照顾自己

懂得生活的父母能教会孩子如何照顾自己的生活，包括在家如何穿衣服、做饭、收拾房间，在外如何上进、如何处世。了解自己的父母则会教会孩子如何照顾自己的内心，会告诉孩子"别怕，我保护你"，从而让他内化出安全感；会告诉他"你是可以的"，让他内化出自由；会告诉他"你很棒"，让他内化出价值感；会跟他一起玩，让他体验到游戏的意义。

不了解自己的父母没有教过自己的孩子关注自己的内心，孩子便不会做。这样的父母自身就经常缺乏安全感，会内心充满恐惧地生活着；自身就缺乏自由，总是在强迫自己做不喜欢的事；自身就缺乏价值感，对自己是不是好的这件事充满了怀疑。这样的父母照顾不了自己的内心，自然也无法教会孩子照顾自己的内心。

这个教的过程并不是用语言告诉他怎么做，而是自我满足感比较充足的父母通过满足孩子，来让孩子体验到被满足是什么感觉。自我满足感匮乏的父母则无法教会他们的孩子。你可以想象，自己都很焦虑的父母，怎么可能教给孩子如何收获安全感呢？

剥夺

父母不能教会孩子如何获得满足感的话，出于生存的本能，人会通过自我探索，学习如何满足自己。遗憾的是，有的父母还会剥夺孩子本来就不多的满足感。这些父母会恐吓孩子，剥夺他的安全感；会限制孩子，剥夺他的自由；会打击孩子，拿走他的价值感；会不允许他享受，不让他体验到意义。

因为父母的力量是绝对大于孩子的，所以他们的剥夺必然是成功的。

这么说并不是要原生家庭为个人的亲密感匮乏背锅，因为一个人长大后，可以自己满足自己。所以，内心亲密感匮乏的原因之二就是，我们自己长大后，没有通过学习学会如何养育自己。

原生家庭没有满足你的，你可以自己填补上。你自己不想填补的时候，就会责怪原生家庭。让原生家庭背锅的确是逃避自己当下的责任的一种方式，会让人逃避掉自己当下的责任："只要我认为是爸妈的错，我就可以不用去做改变了。"但这样的方式对于现在亲密感匮乏的自己来说，是于事无补的。首先，爸妈本身就不愿意被改变，很难被改变；其次，对你有影响的并不是现在的父母，而是过去的父母，过去是不可能被改变的。

这时候，一个人自救的方式就是渴望他人来爱他，来满足他内心的需要，于是他就渴望与人建立关系。尝试跟一个人建立亲密关系，就是一个人尝试自救的方式之一。

所以，好的感情的本质就是二次养育的能力。在婚姻中，与伴侣相处时，如果他能做父母不能做的事，如果他能做我们不能为自己做的事，我们就得到了二次养育。

我们渴望感情，是因为渴望被二次养育，渴望长大。所以，当你对感情执着的时候，你可以先欣赏一下自己为了得到内心的满足感而做出的努力。

但并不是谁都这么幸运，坏的感情就是二次伤害。有的人遇到的伴侣犯了和自己父母一样的错误，对他们造成了新的伤害。本来他们想找个人遮风挡雨，却又发现风雨都是这个人带来的。

即使如此，你也不必自怨自艾。你依然有机会重新得到成长，你可以自己养育自己，做自己的父母，陪伴自己重新长大。

毕竟，寄托希望给别人，终究是不确定的，养育自己却是我们可以控制的。

养育自己的过程就是爱自己的过程。

Chapter 07

养育你自己

自我强大的三个表现

挫折是必然的。

我们活在这个世界上，会遭遇来自他人的敌意，会面对环境的变化，要为了活下去克服很多困难，要为了过得更好面对很多事情。这些过程注定不是一帆风顺的，是要经历挫折的。

如果我们的心理足够强大，我们就有足够的能力应对这些挫折。然而这是不可能的，我们必然会在某些时候被挫折所击垮。幸运的是，我们又不是弱不禁风的，对挫折并非毫无承受能力。我们能长这么大，肯定经历了很多风雨。

那我们能承受多大的挫折呢？

有的人把这个能力叫作 AQ（Adversity Quotient），也就是挫折商或逆境商。一个人的智力表现是 IQ（Intelligence Quotient，智商），情绪管理方面的表现叫 EQ（Emotional Quotient，情商）。这三商就像是人内心世界的三个支柱，它们共同构成一个人的心理健康基础。

你的 AQ 越大，你可以承受的挫折就越大。AQ 的核心指标就是心理弹性。你可以想象一根弹簧，它的弹性越大，能承受的压力就会越大。我们每天都在经历不同的挫折，正是因为我们的心理拥有一定的弹性，我们才有能力承受这些挫折，并尽快恢复状态。心理弹性的强度就是心理强度，也叫自我强度。

也有的人把这种能力叫复原力。从名字上我们可以这样理解，就是一个人在经受挫折时，克服挫折并恢复到正常状态所需要的能力。

拥有良好的复原力，有三个重要表现。

1. 直面现实

当挫折、困难来临的时候，你能够冷静地接受，不会慌乱，不会偏离大的轨道，积极面对现实。你的理性不会缺席，你不会让情绪代替你去做决定。

比如说，你坐火车坐过了站，你能不能冷静地接受这个事实呢？坐过了一两站还是能够接受的，但是坐过了十站还能够接受吗？

心理复原力弱的人就开始骂自己了，觉得自己怎么可以这么蠢，然后陷入自我否定。这个心情会一直影响他做自我判断，影响他接下来所做的事。

而心理复原力比较强的人则会直面损失。他知道他坐过了十站，浪费了一些时间，甚至浪费了一些钱。但这是已经发生的事，他觉得责怪自己没有意义。他知道自己需要尽快接受这件事，并思考一下接下来怎么办。

有的人会受到失恋、离婚、失业等挫折的冲击，陷入负面情绪里，难以自拔，然后会用饮酒、旅游、逛夜店等行为来逃避、麻痹自己。实际上，这些都是不能接受现实的一种表现。

有的人失恋后，在明知道已经没可能的情况下，还是会反复联系对方，控制不住地要和好。有的人在婚姻中体验到被忽视的时候会愤怒，在伴侣不负责任的时候会愤怒，在孩子不写作业的时候会愤怒，这些都是他们的情绪在替他们做决定，他们已经无法通过复原力修复自己的状态了。而复原力强的人则会直面现实，用思考代替抱怨和逃避。

2．寻找意义

当挫折、困难来临的时候，你不仅能够冷静地接受，还不会影响你对自我的判断，依旧能够满足自己的安全感、价值感和自由。

比如说，你坐火车坐过了十站的时候，你依然不会因此评判自己是否愚蠢，不会产生自我否定，不会动摇自己的价值感，并且能够找到其中的意义：虽然你坐过了十站，但你能迅速调整你的认知，发现坐过了十个站也有好处，可以带自己去一个从未去过的地方，发现新的惊喜。

当你失恋的时候，也许你很难过，但你会去寻找其中的积极意义，会去思考这段感情带给自己的收获是什么。如此，你就可以把一段破碎的感情变成寻找更好的生活的素材。

复原力强的人在受挫的时候不会自怨自艾，而是会去发现现状中具有积极意义的部分。每一个错误、每一个挫折都有积极的意义，都是具有两面性的。

3．灵活变通

当挫折、困难来临的时候，你不仅能够冷静地接受，还可以灵活变通。

比如说，你坐火车坐过了十个站，在那一刻，你能随机应变，想出办法来解决这个问题。你可以利用当下的资源想出解决办法来：下火车，找大巴车或出租车帮你回到目的地。或者，你干脆改变你的计划，前往新的目的地。

比如说，你旅游的时候没有到达你想去的地方，而是到了另外一个地方。你是会感到很烦、很受挫呢，还是会欣然接受，去看新的风景呢？

当你在感情里受挫的时候，比起思考"他怎么可以这么对我"，你更感兴趣的是"此刻我可以做什么"。

复原力强的人，无论现状有多无奈，总能找到三条以上目前可以走的路。对他们来说，从来都没有死路。

不要觉得这些表现很高级，实际上，你在很多时候都是拥有复原力的。比如说，你约了朋友去商场吃饭，突然发现原来想吃的饭店关门了。这时候，你会陷入负面情绪吗？你会很快接受现实——"好吧，人家就是倒闭了我也没办法"；很快找到积极意义——"还可以逛逛商场，起码出来走了走，起码知道了一个新消息，那就是这家饭店关门了"；灵活变通并找到新方案——"那就去吃别的吧"。

应对挫折的四个层次

我们并不是所有挫折都无法应对，也不是所有挫折都有能力应对。我们遇到无法应对的挫折时，就会体验到糟糕的感觉，那是一种挫折体验。有一个计算公式：

挫折体验＝刺激强度－自我强度

人是有一定的自我保护能力、自我消化能力的。当刺激强度小于自我强度的时候，人就能够自我消化挫折，拥有良好的复原力，继续正常而幸福的生活。此时，人的内心是丰盈的、满足的。

当刺激强度超过自我强度的时候，人就会对挫折产生糟糕的体验。这就意味着我们的内心已经无法自行消化所面对的挫折了，我们的内心体验到了某种匮乏感，那一刻，就像是肚子饿了一样，你的心很难过。

所以，人并不是所有时候都充满匮乏感的。只有自我强度不足以支撑某些现实刺激的时候，人才会体验到无力；能支撑的时候，人体验到的是满足、意义。

自我强度可以分为四个层次。这种防线跟人的免疫系统是一样的。人的身体有三层防御系统。皮肤是第一道防线，它可以自动隔绝掉大部分病菌。吞噬细胞是人体的第二道防线，当病菌进入人体后，吞噬细胞会主动出击作战，针对性地歼灭病菌。吞噬细胞失败后，人的身体还会启动扁桃体、淋巴结等免疫器官进行最后的作战。这三道人体免疫防线保护着我们的身体，避免它被病菌伤害。

自我强度的四道防线如下：

第一道：无意识地消化挫折。

在这个层面里，人会自动消化掉所面对的挫折。比如，你平时吃食物，你是意识不到你在消化的，一切食物的消化工作都在你身体里无意识地自动运行。

在这个层面里，你经受的挫折不会刺激你的情绪。它就像一个日常事件一样被你经历着，你能接纳它并允许它发生，不介意这样的挫折。

比如说，你买贵了一个东西，多花了三块钱，这是一个挫折事件。但你不会去介意这三块钱，因为你知道这三块钱对你产生不了什么影响。今天下班的时候突然下雨了，这是一个挫折事件，你即刻更改计划选择加班，或者打电话给某个人来给你送伞。这些对你来说都是一些不必往心里去的挫折，你完全能自行消化。

第二道：理性消化。

当挫折再大一点时，则会突破你自我强度的第一道防御线，你已经无法无意识地自行消化了，你必须借助你的理性。就像你吃了很多东西，现在你感觉有点儿撑了，你有腹胀感，你得刻意地去做点儿运动、散散步，消化积食。因为你有意识的调整，可以消化掉让你难受的食物。

同样，当一些挫折你无法自动消化的时候，你会体验到愤怒、挫败、悲伤、委屈、孤独等糟糕的感觉。比如，被放鸽子了，你会愤怒；被领导无故骂了，你会委屈。

然而你不会被这些挫折所打倒，你有足够的理性，知道该怎么去应对。你可以去据理力争，或逃避、休息。你仅仅是靠自己的经验和能力，就能把这些事摆平，让自己的负面情绪代谢掉。

或者你会求助，寻找朋友的倾听和帮忙，你相信你可以获得足够的支持，可以帮你消化掉这些负面情绪。这时候，你不需要刻意寻找亲密感，你现有的关系足以支撑你。

这时，其实是你守住了第二道防线，你使用理性战胜了挫折。这是一个主动出击的过程，可以类比身体内的吞噬细胞主动出击。

第三道：渴望亲密和帮助。

当你开始怀疑自己的消化系统有问题，总是容易感觉到腹胀、胃痛，你已经没有办法靠自己来让腹部感到舒服了。你想要去寻找医生的帮助。

同样，当你体验到一些无法消化的负面情绪的时候，你就开始渴望亲密感了。我们讲过，亲密关系的作用之一就是帮助我们面对自己面对不了的困难，满足我们无法自我满足的需求。此刻你无法自我安抚，你很需要亲密感。

当你无法消化自己愤怒的时候，你会渴望被尊重、被重视，或者被理解、被关心。你需要别人给予你某种亲密感，好让你安抚自己的愤怒，面对无法面对的挫折。当你无法消化自己的孤独的时候，你就渴望有人给你关心、重视、陪伴，帮你安抚自己的孤独。

所以，当你开始渴望亲密感觉的时候，你要知道：此刻，你有一些糟糕的情绪，你自己没有能力消化。而你的糟糕情绪代表着你的内在有一部分无法实现自我复原，此刻你无法安抚自己。你只能通过需要亲密感来求助。这时候，你需要心疼自己。

当你需要亲密感时，你就已经在使用第三道防线应对挫折了。这是你自我保护的方式，值得自我感激。

第四道：被动应对。

有的人丧失了主动寻求亲密感的能力，就会不相信亲密关系，可是又会有自己无法面对的挫折。或者有的人虽然相信亲密关系，想要寻找亲密，但又没有人能给他想要的那种亲密。对于这样的人来说，那一刻是很绝望的。这种绝望就是："没有人能帮我，可是我自己又克服不了挫折，安抚不了自己。"

在绝望中，人失去了应对挫折的能力，只能被挫折所奴役。比如说，感到孤独的时候，你只能忍着，然后看天慢慢亮了，孤独自行离去。比如说，感觉到愤怒的时候，你会被愤怒所牵引，说出不受控制的话，做出不受控制的事。

使用冲动、等待等本能反应来应对挫折，其实是一种被动应对。这一刻，挫折太大了，情绪太浓了，把你整个人都给裹挟了。当然，即使如此，挫折也终会过去。

就像暴风雨一样，也许它来的时候你无力抵抗，给你造成了很多损失，但只要你没有死，你终将用自己的方式扛过去。

我们经常劝自己要坚强，要振作，要理性，要控制好自己的情绪，不能逃避，不能任性，然而又经常做不到。实际上，挫折过大的话，就已经超出我们自身的承受能力，超出我们能找到的资源和帮助的限度了。

所以，当你陷入情绪的时候，被情绪所操控的时候，感觉没有出路的时候，你就需要意识到一个问题：

此刻，有情绪不是你的错。你所遭遇的现实刺激超出了你的承受能力，而你却没有得到来自他人的一些帮助，于是你只能依靠本能反应来情绪化应对。这是你最后的自我保护防线。

当你感觉到不想面对、无法面对时，你的第四道防线被突破了。此刻，你之所以无法承受，是因为你的内在有一些无力感。你的内在空了，没有能量支撑你面对挫折了。

这时候，你特别需要自我关爱。

无法控制的情绪和逃避的行为看起来是对现实有破坏性的，可那恰好是你最后的自救机会。就像你的身体一样。有一个关于癌症的理论研究曾讲过，癌症是人最后一次孤注一掷的自救。人体的第三层免疫系统被突破后，我们自身的免疫系统已经无法再保护自己了。这时候，身体里某些被病菌严重攻击的细胞就会寻求突变，寻找最后的自救机会。同时，细胞突变也意味着失控，会带来额外的巨大破坏。这就是癌症。

假如这个理论是真的，那么人的身体真的非常伟大。癌细胞和情绪化一样，都是人体在做最后的自杀式的自救。

这时候，你怎么能不心疼自己呢？

养育你内心的小孩

比起如何应对挫折来说，如何提高挫折承受力是一件更重要的事。毕竟人生苦难重重，总是会遇到各种不顺心。

提高挫折承受力，实际上就是增强复原力。而复原力的基础就是良好的心理满足感。所以，提升挫折承受力就是安抚自己，自己修复自己的匮乏感。

这个过程就是我们要讲的核心：养育自己。

当你小时候没有被很好地对待，你也就没有形成较好的复原力。当你长大后依然没有很好地被爱，你就还是会很脆弱。现在，当外在不可再被改变，你最需要的就是照顾好自己。

每一次你在情感中的求而不得，每一次你面对挫折时的无可奈何，每一次你难以耐受的情绪，都是一个良好的机会：此刻，你需要面对自己内心的匮乏感，学习如何安抚自己。

养育自己分五步：

第一，回到内在。

当你有糟糕的情绪时，不要再责怪他人、环境，也不要再责怪自己。比起责怪来说，更重要的是问问自己怎么了。因此，你需要把注意力引回内在，做好深度思考的准备。

这一步很简单，但也很难。这是关键的一步，是改变方向的一步。你需要给自己的自动反应按一下暂停键，然后将注意力从"谁错了，怎么错的"转移到"我内在发生了什么"上。

我建议你找到一个可以书写的环境，可以拿出你的纸笔，也可以打开你手机里的记事本，或用其他记录方式。这种仪式感可以帮你完成心态的转变，同时也会为接下来的深度探索做准备。

第二，寻找期待。

每个情绪背后都对应着一个或多个期待。负面情绪背后都是一些未被满足的期待。所以，你需要问问自己，这个情绪在说你想要什么呢？

当你因孩子不好好写作业而愤怒，你的期待就是他好好写作业。当你因在工作中犯了错而自责，你的期待就是在工作中不要犯错。当你因和某个人分手而难过，你的期待就是他不要跟你分手。这些都是你未被满足的期待。

试着写下来，有多少写多少。如果你不知道那一刻自己的期待是什么，你可以试着这么问自己：

此刻让你不开心的事是什么呢？理想状态下，你最希望事情怎么发生呢？你所不能接受的事实是什么呢？事情怎么发展，你会感觉到开心呢？

为了让期待更具体，你可以同时写下你为什么会有这样的期待。

第三，寻找逻辑，找到匮乏所在。

这个期待未被满足，对你来说意味着什么呢？会有什么后果呢？尝试着做一些联想，直到联想到你自身对安全感、自由、价值感、亲密的匮乏，并且总结出你所使用的逻辑。

寻找逻辑的方式就是问自己一个"如果"的问题。

如果这个期待没实现，代表了什么？

如果这个期待实现了，代表了什么？

如果这个期待没实现，会怎样？

如果这个期待实现了，会怎样？

也许这个期待没有实现，会带给你很多关于糟糕结果的想象。

……

比如，孩子不写作业，你感觉到很愤怒，你的期待就是孩子写作业。逻辑就是：如果孩子不写作业，将来就会 A、B、C、D，这让你感觉到特别害怕。比如说，你去找领导请假，感觉到很焦虑，你的期待是领导不要对你有看法。逻辑则是：如果领导因为你请假而对你有别的看法，你将来的工作就会 A、B、C、D，你感觉未来会很糟糕。

这时候，你就找出了"如果发生了 A，就会有 B、C、D 等可怕的结果"这一逻辑。那此刻，就表示你的安全感匮乏了。

也许这个期待没有实现，会让你觉得即将要做很多不想做的事。

比如，你期待孩子去写作业。你内在的逻辑联想是"孩子不写作业，将来就会混不好，我就必须照顾他"，那这时候你的逻辑就是"孩子过得不好，我就必须照顾他"。

这是一个"如果发生 A，我就必须 B"的逻辑，表明此刻你缺少自由。

也许这个期待没有实现，会让你觉得自己特别差劲、无能。

比如，你被分手了，你特别难过，期待对方不要离开你。那你的内在可能有一个非常明显的想法："他抛弃了我，就代表了我不好。"

这是一个"如果 A，就代表了我不好或没有能力"的逻辑，表明你的价值感有所匮乏。

也许这个期待没有实现，会让你觉得自己是不被爱的。

比如，他说你今天碗刷得不干净，你感到愤怒。你背后的期待就是"他不要说我碗刷得不干净"，这可能会让你觉得"他这是在否定我，不在乎我"。

那么你使用的逻辑就是"他说我碗刷得不干净，就是否定我"，这是一个"如果 A，就是不爱我"的逻辑，表明你匮乏了亲密感。

只要你反复问自己"这个期待没实现，代表了什么"和"这个期待没实现，会怎样"这两个问题，再结合前面学过的知识，你很容易就能找到自己所使用的逻辑，并提炼出你所匮乏的感受。

第四，追问来源。

这个逻辑是哪里来的呢？从哪里学会的呢？谁教的呢？

仔细问自己的话，你会发现，这是我们从小到大积累的经验，现在已经未必适合了。因此，你要给自己一个修改的空间。

第五，修改逻辑，填补匮乏感。

这个逻辑必然有不合理的地方，你可以思考一下如何修改。修改不合理逻辑的目的就是停止自我伤害。我们讲过，安全感匮乏是因为自我恐吓，自由匮乏是因为自我强迫，价值感匮乏是因为自我否定，亲密感匮乏是因为拒绝爱。当你能够识别自己的这些心理的时候，那一刻，你就不会再剥夺自己的内心能量了。

如此，你就不会进一步消耗自己。

同时，你也可以去寻找新的方式，进一步满足自己的匮乏感。这个部分我们在每一章里都有详细的讲解。

几个匮乏的关系

安全感与自由

安全感匮乏是最底层的，为了得到安全感，人会放弃自由。

自由匮乏的逻辑是，"如果发生 A，我就必须做 B。而我之所以必须做 B，是因为如果我不做 B，就会有危险 C"。这时候就导致了安全感匮乏。

自由与价值感

我们害怕自己丧失价值感，害怕自己是无能的，因为价值感丧失阻碍了我们实现自由。我们潜意识里的逻辑就是，"如果我不够好或无能，我就做不了 B 了。如果我做不了 B，我就不能去做我真正想做的事了。同时，如果我做不了 B，我就会面对危险 C，也就活不下去了"。

活着是需要一些条件的，而完成这些条件需要价值感。比如说，有一个同学有社交障碍，他觉得自己在社交中很紧张，因为自己可能表现得不好，会不被别人喜欢。那么他的逻辑就是"如果我紧张，就代表我表现得不够好，就是我不好"，这是典型的价值感缺失。

"我只有表现得好，才能跟别人社交。"反过来就是"我如果没有准备好如何表现，我就不能去社交"，这是一个自由匮乏者的逻辑。

"如果我没有准备好就去社交了，别人就会嫌弃我，就会抛弃我，我就会孤独地一个人面对生活，我就会被时代抛弃。"这是一个安全感匮乏的逻辑。

因此，安全感、自由、价值感的关系其实是递进的。

价值感在解决自由：我有了能力，我就可以做某件事了，我做完了，我就真正自由了。

自由在解决安全感：我非要做某件事，是因为我不做，我就有危险。

亲密与其他

我们害怕不被人爱，但不被爱有什么好恐惧呢？别人不喜欢你的最大后果就是"他不喜欢我，他就会离开我"。

我们怕的其实不是不被喜欢，而是被抛弃，因为不被喜欢了就会被抛弃。但这个逻辑其实是站不住脚的：某个人离开了你，你还有别人。如果你相信被某人抛弃后，有更多更好的在等着你，你就不会害怕。你潜意识里觉得被他抛弃后就没有人要了，才会感觉到恐惧。

我们怕的也不是被抛弃，而是怕孤独。一个人对于孤独的状态太恐惧了，就失去了检验现实的能力，思维会被自己的恐惧牵着走，然后又会制造新的恐惧。

你有多怕不被喜欢，就有多怕一个人面对生活。

但一个人有什么好怕的呢？一个人不是应该觉得自由自在，很开心吗？其实一个人并不会直接导致害怕，对一个人的状态进行很多危险的联想才会导致害怕。那一个人会发生什么呢？

有的人内心很脆弱，他潜意识里感受到的是："当我一个人的时候，我会觉得这个世界只剩下了我。而我一个人面对不了这个危险的世界，我需要别人来保护我、帮助我，我才能安全地活下来。虽然我现在可以自己赚钱，可以自己照顾自己，可是我不知道未来会发生什么困难，让我无法面对。"

虽然从目前的状态来看，一个人也可以活，但是这根本经不住"万一"和"将来"两座大山的威吓。在这两座大山的阴影里，人可以给自己制造一万种死法，让自己觉得一个人活不下去。

但这里面不包括"孤独至死""无聊到死"，从来没有人会因为孤独和无聊而死亡，这不符合生物学规律。如果你觉得孤独和无聊很难受，那这不一定是安全感匮乏。如果与安全感相关，你一定能找到你担心的某种死法。

如果你有一个孤独的内在，你就会发现那里有一个无助的自己，不知道该怎么独自生活。因此，有的人在孤独的时候就特别想抓住一人来逃避孤独。

不被爱是关乎生死的事。如果你害怕别人不喜欢你，害怕孤独，实际上你是安全感匮乏。

对于安全感缺失的人来说，他们的逻辑就是："他不重视我，就是不喜欢我；不喜欢我，就会抛弃我；抛弃我，我就会一个人，我一个人就活不下去了。"

有的人对于亲密感的逻辑则是与价值感挂钩的："如果他不重视我，说明我不好；如果他不接纳我，说明我不好。"

不被认可，不被重视，不被在乎，有的人就会觉得这只能说明自己不够好。他们的理由就是："如果我足够好，他怎么会不喜欢我呢？"实际上，别人不喜欢你，除了你好不好之外，还有很多可能，可能是他不够好，可能是你们不合适。但价值感低的人会直接因为亲密感的匮乏而将其关联到自己不够好上。

亲密感的丧失有时会成为失去自由的原因："如果他不接纳我，我就必须改，就不能做我想做的事。"

有位同学想来上我们的心理课，但她老公不同意，她就很抓狂，她说自己不被接纳了。在她的世界里，就是这样的逻辑："老公不接纳我学心理学，我就不能去上心理课。"其实，只要她自己想来，有很多办法可以来，但她把自己的自由建立在老公的接纳之上了。因为没有得到接纳，她就觉得不能做想做的事了。

自由与亲密、安全感、价值感

一个人的内心之所以会匮乏自由，是因为他进行了自我强迫。他在强迫自己做内心不想做的事，他就不自由了。

表面上看起来，有时候是别人在强迫我们，让我们不自由。实际上，是"我不能拒绝你"和"我不能离开你"的想法才让我们失去了自由。

一个人为什么要剥夺自己的自由呢？

有时候是为价值感服务的，这时候，一个人的内在逻辑可能就是："如果我拒绝别人、离开别人，就会伤害到别人，那我就是不好的了，就是个坏人了，就代表了我很差劲。""如果我离开别人，就代表了我是个无情无义、过河拆桥、不负责任的人，我就是个不好的人了。"

不拒绝别人、不离开别人有时候是为亲密感服务的："如果我伤害到别人，别人就会不喜欢我。"

而亲密感又是为安全感服务的："如果别人离开我，我就会一个人，我将来遇到困难就没人帮忙，我就会活不下去了。"

所以，牺牲自由是为价值感、安全感、亲密感服务的："我不能自由地做自己，就是怕失去你，就是想得到你的关注。我怕失去你，就是怕你不喜欢我、离开我，那我就一个人了，活不下去了。我做了自己，跟随了自己的感觉，任性了，我可能就不是好人了。"

价值感与亲密、自由、安全感

有的人内心的逻辑是"如果我不好，别人就会不喜欢我"，这时候，他认为价值是被人喜欢的前提。

"如果我不够好，我就不能去做我喜欢的事。"这时候，他认为价值是自由的前提。

"如果我不够优秀，别人就会欺负我。"这时候，他认为价值是安全感的前提。

如何养育内心的小孩（案例示范）

主诉：我遭遇了一些生活打击，恰巧遇到一个人安慰我，我对他产生了依恋之情。可是，我们的三观、生活方式很不一样，不可能变成情侣。但我对他就是有一种依赖感，情绪低落时想找他倾诉。这对他和对我都有困扰。我觉得很矛盾，不知道该怎么办。

分析：

第一步：回到内在。

你要知道的是，这不是你和这个人的矛盾，而是你自己内在的不同诉求间的矛盾。解决这个矛盾，实际上就是解决自己内在诉求间的矛盾。因此，你需要往内看。

第二步：寻找期待。

这位同学的情绪体验是矛盾感。这个矛盾表面看来是两件事的矛盾。第一件事就是"我想跟他在一起，因为他让我觉得可依恋"，第二件事就是"我不能跟他在一起，因为我们的生活方式不一样"。这两件事在现实层面构成了矛盾。

每件事背后都对应着一个期待，第一个期待就是"我依赖他，期待能跟他在一起。我期待一个能倾听并安抚我的情绪的人"，这个需要他的确能满足。

第二个期待就是"我期待不要再跟他有纠缠了，因为我需要一个生活方式和三观都一样的伴侣，但这个人跟我的三观和生活方式并不一致"。

这两个期待在现实层面是矛盾的。目前这个人不能同时满足她的两个需要，只能满足一个，这就造成了这位同学的困扰："我是该放弃还是不该放弃呢？我要是不放弃吧，伴侣是能有一个，这就意味着我没有办法再给他自我认同了。可是，我放弃吧，那我连仅有的这个需要也没了。真是一件纠结的事啊。"

在这种背景下，别人是无法替她做任何选择的。我能给出的建议就是，去探索自己更深的需要。有个人能倾听并安抚你的情绪，这背后更深的需要是什么呢？三观一致的伴侣背后真正的需要又是什么呢？

对这两个层面都探索得足够深入后，你就会找到自我满足的点，就不会把那么多的需要压在别人身上，来寻求满足了。当你的需求找到新的出路，你对他人的依赖就没那么强了，你也不会如此纠结了。就像是吃汉堡还是吃比萨一样，当知道了你想要吃饱还是吃好的时候，选择起来就简单多了。

我们需要分开来分析这两个期待，然后就可以找到解决方案了。

第三步：寻找逻辑，找到匮乏所在。

先看第一个期待：我期待一个能倾听并安抚我的情绪的人。

那么，一个人倾听你、安抚你的情绪，对你来说有哪些好处呢？底层的获益是什么呢？如果他只是听听，听完后什么也不反馈，这样的倾听你喜欢吗？如果他安抚你的方式是"别想了""算了吧""没事了"，肯定也是不行的。

表面上，你期待的是一个能倾听并安抚你情绪的人；实际上，你的内心深处有这样一些逻辑：

"如果他安抚我，我就可以……"

"如果他安抚我，他就会……"

他的安抚传递出一种感觉来说："别怕，还有我，我保护你。如果你有困难的话，我会帮你解决的。"所以，对方能倾听并安抚你的情绪，意味着可以帮你解决一些未知的困难。这个逻辑就是"如果他能安抚我的情绪，就代表了他会帮我解决一些困难"。

"解决一些困难"并没有跟四个匮乏关联起来，我们需要进一步思考：如果他能帮你解决一些困难会怎样呢？不能解决困难又会怎样呢？

进一步思考的结果就是，"如果他能帮我解决困难，我就不用自己去面对困难了。如果他不能帮我解决困难，我就必须自己面对困难"。

这是一个自由匮乏者的逻辑："如果 A，我就必须 B。""如果我遇到了困难，而且他不帮我解决，我就必须自己面对"，进一步说就是"如果有困难，我就必须面对"。

再强调一遍："如果有困难，我就必须面对。"

听起来没什么问题，且很常见，但其背后问题很严重。

对于困难，我们有多少处理的方式呢？马上面对；暂缓，等有能力的时候再面对；逃避，放弃面对；降低要求，简单处理。

然而，对这位同学来说，面对困难的时候只有马上面对这一条路。当她感到自己面对不了的时候，就想拉一个人帮自己，陪自己面对，实现马上面对困难的需求。我们可以感觉到，她是一个积极、坚强、独立、能干的人，同时也过得很累，有些硬撑。

"对困难的不耐受"是个很常见的问题，表现为当遇到困难的时候，就想立刻想办法解决，对于悬浮在那里的困难不耐受，不能给自己时间等待，也不能允许自己放弃。这样的人生其实是很累的。

有的人觉得，不能放弃啊，不能逃避啊，现实不允许啊。其实这就是一个"我的感受更重要"还是"现实问题更重要"的问题，一个不在乎自己感受的人永远会想去挑战困难，让自己特别累。

其实，为什么一定要做呢？

我们讲过，丧失自由是为安全感服务的。我们要进一步问：会有哪些困难呢？不克服这些困难会怎样呢？

这时候也可以运用"如果我不，我就会……"的安全感匮乏的思考逻辑。

第四步：寻找来源。

哪里来的呢？谁教会了你有困难就必须面对呢？

有困难就必须面对的这种心理通常有两种形成原因：没有人主动帮助，所以只能自己面对；追求优秀，自我要求高。

如果有人主动帮助，你就有逃避的空间了，能让别人做的也就不需要自己做了。即使没人帮助，你降低自己的追求甚至放弃，你也不会体验到必须面对。

那这两点又是怎么来的呢？

这和一个人的成长经验有关。对这个同学来说，在父母那里得不到实际的帮助，因为父母本身的生活已经不堪重负了。父母虽然会给予这个同学基础的支持，在关心上却非常匮乏，几乎不会问她有什么痛苦的地方、烦恼的地方、实际的困难。

而且，父母还会传递出焦虑和挫败的情绪，会指出她不好的地方，会经常进行批评。这让这个同学觉得，自己不得不做到很好，才能被爱。

第五步：转化。

不是所有困难都必须面对的。对这个同学来说，她需要的是列举自己生活中遇到过的感觉到压力大的困难，使用排除法，放弃一半的困难，这样她才会过得轻松一些。并且，她需要把自己的感受放到比事情更重要的位置，从而保证自己的感受是被照顾的。

这个过程实际上就是照顾自己情绪的过程。当她有了安抚自己情绪的能力，对一个可以安抚自己的伴侣的需求度就会降低。

当这个需求被弱化后，她就可以重新思考："在这个人身上，是否还有我可以留恋的地方？"如果他只有安抚你的情绪这一种能力，那你们的关系本身就不稳固。如果你对他的需要减少了，依然发现他很棒，那么这才是你需要找的人。

第二个期待：期待一个三观相符、生活方式相同的伴侣。

很多人都会在伴侣关系中追求三观符合。实际上，在关系中，我们对于不同的三观有三种处理方式：学习对方的不同，向他靠拢，体验不同的人生；改变对方的三观，让他跟自己一致；允许彼此不同，在不同的时候和方面各过各的。

在关系中不必非要三观相同，相同有相同的好，不同有不同的好，一定要相同且没有能力坚持自己就会出现问题。

那么，三观相符带来的是什么呢？为什么要有一个生活方式和三观都一样的伴侣呢？这样的伴侣会带来什么好处呢？三观不相符又会怎样呢？

这位同学说："三观相符，生活就比较轻松。因为你不用迁就对方，你们就可以一起生活。"

所以，在这位同学的世界里，三观不符就必须迁就对方。这是一个"如果 A，我就必须做 B"的逻辑，是自由匮乏的体现。这说明这位同学在关系中是没有坚持自己的能力的，总是会习惯性地迁就对方，内心里又不愿意迁就。

那么她可以做的改变就是，不管对方的三观是什么，如果你不想迁就，你就按自己的方式做好了。这时候，对方也许会迁就你，迁就是他的选择，是不需要你承担责任的。如果他不愿意迁就，那你们的关系自然会断裂，或者进入时而亲密、时而独立的状态。

有的人会觉得这样太自私。实际上，这就是每个人都在做自己，让关系自然流动，走向它该有的一种关系模式，这就是我们第一章所讲的"自然经营"。

在关系里，委屈自己，迁就对方才是真正的自私、不负责任，因为你迁就得了一时，却无法迁就一世。你用一时的迁就给对方带来一些错觉，让他认为真实的你就是喜欢迁就的。某种程度上，你已构成欺骗，你在为他将来的失望做铺垫。

总结：

这位同学有两个期待：期待一个能安抚自己情绪的人给自己安全感；期待一个三观相符的人给自己自由。这是一个安全感需求和自由需求的冲突，表现到外部就是不知道该不该跟这个人在一起："他满足了我的安全感，我想跟他在一起。但在一起之后就无法满足我的自由感，所以我很纠结。"

如果这位同学在单身的时候找到属于自己的安全感，就不会再执着于这个人了；如果能在关系中坚持自己，找到属于自己的自由感，就不会再害怕三观不符了。

所以，其实选哪个都是一样的。重要的是，借助外在冲突，我们可以看到自己内心有哪些诉求发生了冲突。

后记

安全感、自由感、价值感、意义感、亲密感，这些是人内心基础的感知，人们很容易对它们感到匮乏。你在生活中遭遇的每一个痛苦事件，背后都基于对其中某种或多种感知的匮乏。当遇到的事情不同，你对这些感知的匮乏程度也会有所不同。

每当你的内心体验到痛苦的时候，你都可以把刺激你内心的事写下来，并反复问自己这样一个问题：

那又能怎样呢？

那又能怎样呢？

那又能怎样呢？

深度、反复思考这个问题后，你就可以找到内心深处的很多秘密。不要觉得"人生就是这样啊""所有人都这样啊"，你要拥有怀疑一切的精神，这样才能清晰地认识自己的人生。

这种精神也就是所谓的"格物致知"。不断推敲一件事情代表了什么、能带来什么、有什么影响，以及你对此有什么想法，你会慢慢弄清楚自己内心的真实想法，了解真实的自己。

雨果曾说："世界上最浩瀚的是海洋，比海洋更浩瀚的是天空，比天空更浩瀚的是人的心灵。"这个世界上你最不了解的其实是你自己的心。一个人的内心比宇宙都要丰富多彩，去探索它，你会找到更多乐趣和意义。

你不可能真正认识你自己，但我依然愿你越来越了解自己。

（全书完）

养育你内心的小孩

作者 _ 丛非从

产品经理 _ **曹曼**　　装帧设计 _ **孙莹**　　产品总监 _ **曹曼**

执行印制 _ **梁拥军**　　策划人 _ 于桐

营销团队 _ **阮班欢　李佳**

© 丛非从 2022

图书在版编目（CIP）数据

养育你内心的小孩 / 丛非从著． -- 沈阳：万卷出
版公司，2022.2（2024.7 重印）
ISBN 978-7-5470-5835-0

Ⅰ．①养… Ⅱ．①丛… Ⅲ．①心理学－通俗读物
Ⅳ．① B84-49

中国版本图书馆 CIP 数据核字（2021）第 218740 号

出 品 人：王维良
出版发行：北方联合出版传媒（集团）股份有限公司
　　　　　万卷出版公司
　　　　　（地址：沈阳市和平区十一纬路 25 号　邮编：110003）
印 刷 者：河北鹏润印刷有限公司
经 销 者：全国新华书店
幅面尺寸：145mm×210mm
字　　数：250 千字
印　　张：9.5
出版时间：2022 年 2 月第 1 版
印刷时间：2024 年 7 月第 19 次印刷
责任编辑：王　越
责任校对：佟可竟
装帧设计：孙　莹
ISBN 978-7-5470-5835-0
定　　价：49.80 元
联系电话：024-23284090
传　　真：024-23284448

常年法律顾问：王　伟　版权所有　侵权必究　举报电话：024-23284090
如有印装质量问题，请与印刷厂联系。联系电话：021-64386496